21世纪高等教育计算机规划教材

# 数据库技术与应用教程（Access）

## Database Technology (Access)

张基温 文明瑶 丁群 朱莎 方晓 编著

人民邮电出版社

北 京

图书在版编目（CIP）数据

数据库技术与应用教程：Access / 张基温等编著
-- 北京：人民邮电出版社，2013.2（2014.2 重印）
21世纪高等教育计算机规划教材
ISBN 978-7-115-30218-2

Ⅰ. ①数… Ⅱ. ①张… Ⅲ. ①关系数据库系统－高等
学校－教材 Ⅳ. ①TP311.138

中国版本图书馆CIP数据核字(2013)第003288号

## 内 容 提 要

本书介绍数据库技术及关系型数据库的基础知识，并以 Microsoft Access 2003 为背景，介绍 Access 数据库的创建和使用方法。全书以一个"考生数据库"为例贯穿始终，通过连续性的、功能丰富的实例介绍 Access 数据库各个对象的操作方法，包括数据表、查询、窗体、报表、数据访问页、宏和模块。最后以"超市管理系统"为例，综合、细致地介绍数据库系统的设计和开发过程。

本书注重实践，突出能力培养，采用案例组织形式、任务驱动方式，把数据库知识渗透在应用中；内容符合"全国计算机等级考试（二级 Access）"的考试大纲。适合作为普通高等院校及高职高专院校的计算机基础课程教材，尤其适合应用型高等院校学生使用，也可以作为相关培训班及计算机等级考试辅导班的教材或参考书。

21 世纪高等教育计算机规划教材

**数据库技术与应用教程（Access）**

◆ 编　　著　张基温　文明瑶　丁　群　朱　莎　方　晓
　　责任编辑　李海涛

◆ 人民邮电出版社出版发行　　北京市丰台区成寿寺路 11 号
　　邮编　100164　　电子邮件　315@ptpress.com.cn
　　网址　http://www.ptpress.com.cn
　　北京昌平百善印刷厂印刷

◆ 开本：787×1092　1/16
　　印张：14.75　　　　　　　　2013 年 2 月第 1 版
　　字数：383 千字　　　　　　2014 年 2 月北京第 2 次印刷

ISBN 978-7-115-30218-2

定价：29.80 元

读者服务热线：(010) 81055256　印装质量热线：(010) 81055316
反盗版热线：(010) 81055315

# 前　言

今天，当我们享受着信息时代的辉煌时，都会想到数据库技术所立下的汗马功劳。数据库是计算机技术的重要分支，面对信息爆炸，如果没有数据库支持，人们将会陷入数据的泥潭。对于处在信息社会的人，了解数据库的基本知识并学会数据库操作的基本方法是非常有益的。

目前，在高等院校非计算机专业中大面积开设了 Access 数据库技术与应用课程。Access 是 Microsoft 公司发布的 Office 系列软件中的一个重要成员。其操作简单、易学易用、界面友好、功能强大，不仅成为众多数据库初学者的首选，也在各类数据处理系统中得到了广泛应用。

本书基于 Office 2003，介绍了数据库的基本概念和操作方法。全书共分为 10章，内容涵盖了 Access 数据库所有对象的操作，具体如下。

第 1 章主要介绍数据库技术及关系型数据库的基础知识、数据库设计的方法与步骤，以及 Access 2003 数据库的特点及功能等。

第 2 章主要介绍数据库与数据表的创建与使用方法，介绍对数据表结构及数据表中数据的增删改操作，还对数据表外观的设置及表间关系做了说明。

第 3 章介绍查询的基本知识，并通过丰富的实例介绍五大查询的操作方法。

第 4 章主要介绍窗体的基本知识、利用各种方法创建窗体的过程，并详细介绍窗体工具箱中各控件的使用以及美化窗体的一些方法。

第 5 章主要介绍报表的基本知识、各种创建报表和编辑报表的方法，并通过具体实例介绍了报表的排序与分组、报表计算，最后简要说明打印报表的基本步骤。

第 6 章介绍数据访问页的相关知识、各种创建和编辑数据页的方法等。

第 7 章主要介绍宏的基本概念、宏的创建以及运行方法等。

第 8 章主要介绍模块及 VBA 的基本概念，通过具体实例重点讲解了 VBA 编程的基础知识。

第 9 章简要介绍 VBA 的数据库编程。

第 10 章以"超市管理系统"为例，综合介绍数据库系统的开发过程，从系统的分析与设计到数据库各对象的设计与创建，各阶段都进行详细记载与说明。

随着我国高等教育发展与改革的逐步深化，各类型高等院校的人才培养目标也逐步明确。对于应用型高等院校而言，重点是培养理论够用、实践能力强、能够应付各行各业需求的应用型人才。本书针对应用型高等院校的特点，采用案例驱动的编写方式，形成以案例为核心，以任务为线索，在介绍操作中渗透数据库知识体系结构。全书以一个"考生数据库"为例贯穿始终，通过连贯、丰富的实例介绍 Access 数据库各种对象的操作方法，包括数据表、查询、窗体、报表、数据访问页、宏和模块。

　　本书由张基温、文明瑶、丁群、朱莎、方晓编著，刘王敏娜、黄姝敏、陈觉、郑艳松、张展为参加了部分工作。在编写过程中，吸收了同行的意见和建议，也汲取了同类型教材的优点。同时对在本书编写过程中给予热情支持、提出中肯建议的领导和同事表示由衷谢意。限于编者水平，书中难免存在不妥之处，敬请广大读者批评指正。

编　者

2012 年 10 月

# 目　录

# 第1章
# 绪论

今天，凡是要处理大量数据的地方，譬如学校对学生档案及成绩的管理，银行对各种业务的管理，企业对财务等数据的管理，酒店对客房的管理等，无一不用到数据库技术，数据库的规模、它所存储的信息量大小和使用频度已成为衡量时代信息化程度的重要标志。

本章主要讲述数据、信息、数据处理、数据库、数据库管理系统等数据库系统的相关概念，以及数据模型、关系数据库、数据库设计、Access 数据库等数据库技术基础知识。

# 1.1　数据与数据模型

## 1.1.1　信息、数据与数据模型的概念

### 1. 信息与数据

在信息时代，引用和出现频率最高、联系极为密切的两个名词是：数据（data）与信息。关于它们，目前还没有公认的严格定义。但是应该说，它们是紧密联系而又有区别的。要说它们没有联系，那么为什么有时称信息处理，有时又称数据处理呢？要说它们没有区别，那为什么"数据库"（data base）技术不叫做"信息库"（information base）技术呢？计算机处理的到底是数据（data）还是信息（information）呢？数据与信息到底有什么区别呢？对此数据处理的学术界感到有必要对两者进行界定。我国著名学者萨师煊教授（1922—2010 年，见图1.1）认为：数据是记录下来可以被鉴别的符号，信息是对数据的解释。例如，数据可以用图形、图像、声音、文字等不同的形式表现，用光、

图 1.1　萨师煊教授

声、电、磁、纸张承载，只要可以鉴别，就称为数据或资料（我国的台湾和香港称数据为"资料"）。但是，数据也只是一些符号，只有解释以后，才成为信息。这样，就能区分数据和信息了：信息强调含义（meaning），数据强调载体（media）；信息强调实际效用，数据强调客观形式。两者之间联系的桥梁是"解释"。而解释是人类的一种智力活动。人的认识因背景不同，会对于同一数据作出不同的解释。例如，写出"28"两个符号，有的人将它解释为自己的年龄，有的人可能会把它解释为自己口袋中的钱数，有的人还会将它解释为自己家的门牌号……另外，同一种信息可以有不同的表示形式，例如一个人的年龄，可以用语音表达，可以用不同的语言表达，也可以用一些实物的数量表达等。

### 2. 数据模型的概念

人们对于模型的一般概念，特别是具体的模型其实并不陌生，比如常常会听到类似"哇，这个坦克模型太逼真了!"的说法。这里说明两个问题，首先看到的不是真实的坦克，其次它又真实地反映了实际坦克的特征。这说明了模型不是真实的事物，但是模型却又能真实反映事物的特征。对现实世界事物特征的模拟和抽象就是这个事物的模型。所谓抽象就是去掉与问题的解决关系不大的枝节，只考虑对解决问题影响很大的方面，以便使问题容易理解、容易解决。这是人们解决复杂问题的一种基本方法。同样，处理数据的有效方法是建立数据模型。

数据是对客观世界中事物的描述。因此，数据处理时，要求人们首先理清现实世界中客观事物之间的关系，为此需要建立数据的概念模型。其次要让计算机能够方便地处理这些数据，为此要建立数据的逻辑模型及物理模型。图 1.2 描述了这个过程。

图 1.2　对现实世界事物抽象转换的 3 个阶段

## 1.1.2　数据的概念模型

### 1. 概念模型相关术语

概念模型也称信息模型，是为人们理清客观事物之间的关系而建立的模型，也是数据库设计人员与用户进行交流的工具。概念模型中的常用术语主要如下。

（1）实体（Entity）：现实世界存在的并可以相互区分的事物。实体可以是具体的事物，如学生、员工、商品、学校、企业等，也可以是抽象的事件，如比赛的赛况、货物的运输记录等。还可以指事物与事物之间的联系，如学生选课、顾客订票等。

（2）属性（Attribute）：实体具有的特征称为属性。如学生的学号、姓名、性别，商品的商品名称、单价等都是该实体具有的特征，也称为该实体的属性。每个实体都可用若干属性进行刻画，选取的实体属性越多，刻画出的实体就越清晰。属性有"属性型"和"属性值"的概念，属性的名称及其取值数据类型称为属性型，属性所取的具体值就是属性值。如学生实体中有姓名属性，那么"姓名"和取值字符类型就是属性型，而"张三"则是属性值。

（3）域（Domain）：属性的取值范围称为该属性的域。如性别属性的域是"男"或"女"，期末考试成绩的域是 0～100。

（4）码（Key）：在实体的众多属性中能够相互区分每一个（唯一标识）实体的属性或属性的组合称为实体的码。如学生的学号可以作为学生实体的码。

（5）实体集（Entity Set）：性质相同的同类实体的集合称为实体集，如一个学校的所有学生的集合、一个超市所有商品的集合等都可以称作实体集。

（6）联系（Relationship）：实体之间的对应关系称为实体间的联系。

### 2. 概念模型的表示方法——E-R 图

数据库设计的重要任务之一就是要建立概念数据库的具体描述，即概念模型。描述概念模型的主要工具是实体-联系模型，也称为 E-R 模型（Entity-Relationship 模型）或 E-R 图。用 E-R 模型描述的概念模型是独立于具体的数据库管理软件所支持的数据模型的，它是各种数据模型的共

2

同基础。

E-R 图主要由实体、属性和联系 3 个要素组成，并分别使用了表 1.1 中所描述的几种基本符号进行表示。

表 1.1                                      E-R 模型中的图形符号

| 图形符号 | 含 义 |
| --- | --- |
| ▭ | 矩形表示实体，实体名写在框内 |
| ◯ | 椭圆表示实体的属性，属性名写在圆内 |
| ◇ | 菱形表示实体间的联系，联系名写在框内 |
| —— | 无向连接上述 3 种图形，构成完整 E-R 模型 |

图 1.3 所示为一个教师实体的属性关系。图 1.4 所示为图书借阅系统中的 E-R 图，该图描述了借阅者和图书两个实体之间存在着多对多的联系，说明了一本图书在不同的时间可以借给多个借阅者，且一个借阅者可以同时借阅多本图书。

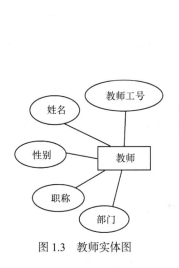

图 1.3   教师实体图

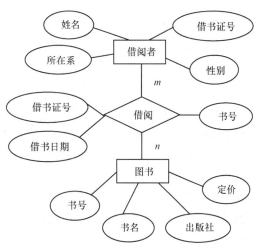

图 1.4   图书借阅 E-R 图

### 3. 实体间联系的种类

实体间的联系具体指一个实体集中的每一个实体与另外一个实体集中实体存在的联系。它反映的是现实世界事物与事物之间的相互联系。实体之间的联系归纳起来主要有以下 3 种类型。

（1）一对一联系（1∶1）：如果对于某实体集 A 中的每一个实体，在另一实体集 B 中有且仅有一个实体与之联系，反之亦然，则称实体集 A 和实体集 B 之间存在着一对一的联系，并记作 1∶1。例如学校和校长之间的联系就是一对一的联系，因为每一所学校只有一个校长，每一个校长只在一所学校任职。学校与校长之间的一对一联系表示如图 1.5 所示。

图 1.5   一对一联系

（2）一对多联系（1∶n）：如果对于某实体集 A 中的每一个实体，在另一实体集 B 中有多个实体与之联系，反之，对于实体集 B 中的每一个实体，在实体集 A 中都只有一个实体与之联系，那么就称实体集 A 与实体集 B 之间存在着一对多的联系，或者也可以说实体集 B 与实体集 A 之间存在着多对一的联系。并记作 1∶n 或 n∶1。例如班级和学生之间的联系就是一对多的，因为每一个班级有很多个学生，而每一个学生只属于一个班级。班级与学生之间的一对多联系表示如图 1.6 所示。

（3）多对多联系（n∶m）：如果对于某实体集 A 中的每一个实体，在另一实体集 B 中有多个实体与之联系，反之，对于实体集 B 中的每一个实体，在实体集 A 中也有多个实体与之联系，那么就称实体集 A 与实体集 B 之间存在着多对多的联系。并记作 n∶m。例如，学生和课程之间的联系就是多对多的，因为每一个学生要选修多门课程，且每一门课程又有多个学生选修。学生与课程之间的多对多联系表示如图 1.7 所示。

图 1.6　一对多联系　　　　　　图 1.7　多对多联系

# 1.1.3　数据的逻辑模型

数据的逻辑模型是指数据在计算机系统中被处理时的组织结构。人们常说的数据模型即指逻辑数据模型。迄今为止，人们已经使用的数据逻辑模型有 3 种：层次模型、网状模型和关系模型。逻辑模型不同，描述和实现方法也不同，相应的支持软件也不同。

## 1. 层次模型

层次模型是数据库系统中最早出现的数据模型。层次数据库系统采用层次模型作为数据的组织方式，层次数据库系统的典型代表是 IBM 公司的 IMS（Information Management System）数据库管理系统，这是 1968 年 IBM 公司推出的第一个大型的商用数据库管理系统，曾经得到广泛的使用。

层次模型是以每个实体为结点，用树形结构来表示实体及其之间的联系。在层次模型中，数据被组织成由"根"开始的一棵倒置的"树"，连线（有向边）始端结点叫做父（双亲）结点，下一层次结点叫做子（孩子）结点。树中的每一个结点代表实体型，连线则表示实体间的联系。图 1.8 所示为层次模型的示意图，图 1.9 所示为层次模型的一个实例。

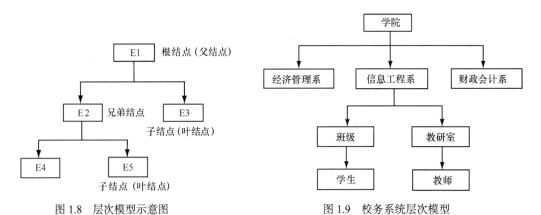

图 1.8　层次模型示意图　　　　　　图 1.9　校务系统层次模型

根据树形结构的特点，层次模型的主要特征如下：

（1）有且只有一个结点没有双亲结点，这个结点称为根结点；

（2）根结点以外的其他结点有且只有一个双亲结点，而向下可以有若干结点。

4

层次模型具有层次清晰、结构简单、易于实现等优点，且由于受到上述两个条件限制，它可以比较方便地表示一对多和一对一的实体联系，但不能直接表示多对多的实体联系，对于复杂的数据库关系，层次模型实现起来存在局限性。

### 2．网状模型

网状模型用以实体为结点的有向图来表示各实体及其之间的联系。网状模型是一种比层次模型更加具有普遍性的结构，它忽略了层次模型的两个限制条件，而且允许任意两个结点之间不受层次的限制实现多种联系。因此可以说，层次模型是网状模型的一个特例。图 1.10 所示为网状模型的一个实例。

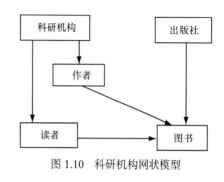

图 1.10　科研机构网状模型

网状模型虽然能够更加直观地描述现实世界，可以直接表示多对多的实体联系，且各实体间的联系是用指针实现的，具有较高的查询效率，但是其结构复杂，技术上的具体实现会比较困难，众多的指针也使得管理工作变得相当复杂，对用户而言掌握和使用也都比较麻烦。

### 3．关系模型

1970 年，有"关系数据库之父"之称的 IBM 公司研究员埃德加·弗兰克·科德（Edgar Frank Codd）提出了数据库关系模型的理论，首次运用数学方法来研究数据结构和数据操作，将数据库设计从以经验为主提高到以理论为指导。

关系模型的结构与层次模型和网状模型相比有着本质的区别，它用二维表格来表示实体及其之间的联系。在关系模型中，每一张二维表就称为一个关系，描述了一个实体集，每一行在关系中称为元组（记录），每一列在关系中称为属性（字段）。每张二维表都有一个名称，也即为该关系的关系名。比如学生关系的每一行代表一个学生的记录，每一列代表学生的一个属性，如表 1.2 所示。

表 1.2　　　　　　　学生关系

| 学　号 | 姓　名 | 性　别 | 出生日期 | 专　业 | 所在系 |
|---|---|---|---|---|---|
| 20123040158 | 方芳 | 女 | 1993-1-10 | 网络工程 | 信息工程系 |
| 20123030101 | 陈瑜 | 男 | 1992-12-26 | 国际经济与贸易 | 经济管理系 |
| 20123010102 | 冯乔恩 | 女 | 1993-6-18 | 英语教育 | 外语系 |
| 20123020103 | 黄雯 | 女 | 1990-10-2 | 会计学 | 财政会计系 |

关系模型与其他模型相比，具有数据结构单一、理论严谨、简单明了、易学易用等特点，是目前最流行、最重要、使用最广泛的数据模型之一。

# 1.2　数据库与数据库系统

## 1.2.1　数据管理技术的产生与发展

数据管理是指如何对数据进行分类、编码、组织、存储、检索、维护等。例如，超市要对商品的买卖进行记账、开具发票，学校教学管理部门要对学生、课程、成绩及教师等数据进行收集、存储、管理等。数据管理是数据处理的核心。伴随着计算机软、硬件技术的发展以及计算机应用的不断扩展，数据管理技术的水平也得到了前所未有的提高与发展，数据库技术已成为这个时代数据管理的重要基础和核心技术。也可以说，数据库技术的产生与发展是伴随着数据管理技术的不断发展而逐步形成的。数据管理技术从产生到发展大致经历了人工管理、文件系统管理、数据库系统管理 3 个阶段。

### 1. 人工管理阶段

在计算机技术出现之前，人们运用常规的手段从事数据的记录、存储和加工，如利用纸张来记录和利用计算工具（算盘、计算尺等）来进行计算，并主要使用人的大脑来管理和利用这些数据。20 世纪 50 年代计算机开始用于数据处理。但是，当时的数据处理水平极为原始，数据以变量或数组的形式存在，所能处理的数据量很小；数据无结构，数据间缺乏逻辑组织；数据依附于处理它的程序，缺乏独立性。以学校的数据管理为例，在此阶段，应用程序与数据的关系如图 1.11 所示。

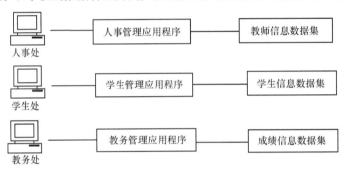

图 1.11　人工管理阶段应用程序与数据的关系

### 2. 文件系统阶段

20 世纪 50 年代后期到 60 年代中期，计算机的处理速度和存储能力惊人地提高，计算机开始大量用于数据管理，在硬件方面，出现了直接存取的大容量外存储器，如磁盘等，数据可以长期保存在计算机外存上；在软件方面，出现了操作系统，其中包含文件系统。文件系统为应用程序和数据之间提供了一个公共接口，使得应用程序可以通过统一的存取方法来存取、操作数据，程序和数据之间不再直接对应，因而具备了一定的独立性。这一阶段文件系统实现了记录内的结构化，但从文件的整体来看却仍是无结构的。

然而当数据量增加或数据的使用用户数量越来越多时，文件系统管理便难以适应数据管理的需求了，主要表现为以下几点：数据面向特定的应用程序，因此独立性较差；数据文件根据应用程序的需要而建立，因此造成数据的冗余度大、数据共享性差；缺乏对数据的统一控制和管理，各个数据文件没有统一的管理机构，因此管理和维护的代价也比较大。文件系统阶段学校数据管理中应用程序与数据的关系如图 1.12 所示。

### 3. 数据库系统阶段

20 世纪 60 年代后期，计算机性能得到进一步提高，更重要的是出现了大容量磁盘，存储容量大大增加且价格下降，克服了文件系统阶段管理数据时的不足，而解决实际应用中多个用户、多个应用程序共享数据的要求，从而使数据能为尽可能多的应用程序服务，这就出现了数据库这样的数据管理技术。这一阶段使用专门的数据库管理软件——数据库管理系统（DBMS）实现对数据进行统一的控制和管理。相关数据按统一的数据模型，以记录为单位，用文件方式存储在数据库中，具有整体的结构性，数据不再只针对某一个特定的应用程序，而是面向全组织，在应用程序和数据库之间保持高度的独立性，数据共享性高，冗余度低，具有完整性、一致性、可靠性的特点。

数据库系统阶段学校数据管理中应用程序与数据的关系如图 1.13 所示。

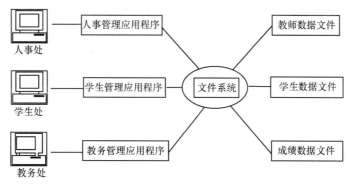

图 1.12　文件系统阶段应用程序与数据的关系

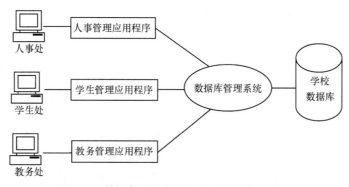

图 1.13　数据库系统阶段应用程序与数据的关系

## 1.2.2　数据库及其特点

数据库（DataBase，DB）就是存放数据的仓库。只不过这个仓库是依赖于计算机、按一定格式、可以长期存放数据的。例如，学校的教务管理数据库中有组织地存放了学生基本情况、课程情况、学生成绩情况、排课情况和教师情况等数据，相关部门可以借助数据库管理软件对这些数据进行综合管理，并且这些数据可供教务处、任课教师和学生等共同使用。

数据库技术的出现是计算机数据管理技术的重大进步，它具有以下主要特点。

### 1. 数据共享

数据共享允许多个用户或应用程序可以同时访问和使用同一数据库中数据而互不干扰，为多种程序设计语言提供编程接口。DBMS 提供并发和协调机制，保证多个应用程序进行数据共享时不会产生任何冲突，保证数据不遭到破坏。

### 2. 数据独立性

数据独立性指数据与应用程序之间的彼此独立，不相互依赖，数据存储结构的改变不影响使用数据应用程序的正常运行。数据独立性包括物理独立性和逻辑独立性。物理独立性指数据存储格式和组织方法的改变不影响数据库的逻辑结构，所以不影响应用程序；逻辑独立性指数据库逻辑结构的改变不影响用户的应用程序，即应用程序不需修改仍可继续正常运行。

### 3. 减少数据冗余

数据冗余是指一种数据存在多个相同的副本，即数据重复。数据冗余既浪费存储空间，又容易产生数据的不一致。数据库从全局观念组织和存储数据，库中的数据根据特定的数据模型结构化，从而大大地减少了数据冗余，增强了数据一致性，提高了数据使用效率。

4. **数据安全性和完整性保护增强**

数据库系统可以提供一系列有效的安全保密机制，阻止未授权用户非法进入系统或访问数据。DBMS 提供数据完整性检查机制，避免不合法、不正确、不一致、无效的数据进入数据库中，保证数据库的数据完整性。另一方面，数据库系统还提供了一系列的数据备份与恢复措施，确保当数据库遭到破坏时也可及时恢复数据，以减少损失。

## 1.2.3  数据库管理系统与数据库应用系统

1. **数据库管理系统**

任何仓库都有管理机构。数据库也有管理机构，就是数据库管理系统（Data Base Management System，DBMS）。它是位于用户与操作系统之间的一种帮助用户实现对数据库的定义、建立、操作、管理和维护的数据库管理软件。各种数据库命令的执行及访问数据库的操作都要通过数据库管理系统来统一管理和控制。其主要功能可以概括为以下几个方面。

（1）数据定义功能：DBMS 提供的数据定义语言（Data Definition Language，DDL）可以定义构成数据库结构的外模式、模式和内模式，定义各个模式之间的映射，定义数据的完整性约束等。

（2）数据操纵功能：DBMS 提供的数据操纵语言（Data Manipulation Language，DML）可以实现对数据库中数据的检索、插入、修改和删除等基本操作。

（3）数据库运行管理：包括对数据库进行并发控制、安全性检查、完整性约束条件的检查和执行、数据库的内部维护等。

（4）数据组织、存储和管理：DBMS 负责分门别类地组织、存储和管理数据库中需要存放的各种数据，确定以何种文件结构和存取方式合理地组织这些数据。

（5）数据库的建立和维护：主要包括通过 DBMS 完成对数据库的定义、创建及维护等操作。

（6）数据通信功能：提供与其他系统进行通信的功能。例如，在分布式数据库或具备网络操作功能的数据库中提供数据库的通信功能，又或者提供与其他 DBMS 或文件系统的接口。

数据库管理系统是整个数据库系统的核心，是数据库系统的重要组成部分之一。

2. **数据库应用系统**

数据库应用系统简称数据库系统（Data Base System，DBS），是指以计算机系统为基础，以数据库方式管理大量共享数据的计算机应用系统。它一般由计算机系统、数据库、数据库管理系统、应用系统及相关的人员组成。计算机系统是数据库系统的基础。应用系统是在数据库管理系统基础上建立的面向不同应用的系统。例如教务管理系统、图书管理系统、铁路售票系统、网上销售系统等都是具备不同目标的应用系统。相关的人员主要包括负责管理与维护数据库的数据库管理员（DBA）以及数据库的最终用户。数据库系统的组成结构如图 1.14 所示。

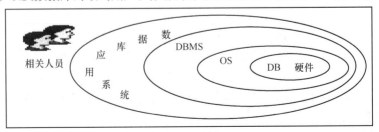

图 1.14  数据库系统的组成结构

# 1.3　关系数据库

自 20 世纪 80 年代以来，新推出的数据库管理系统几乎都支持关系模型，本书后面将要介绍的 Access 就是一种典型的关系数据库管理系统。

## 1.3.1　关系数据库概述

在数据库中，数据结构如果依照关系模型定义，就是关系数据库。关系数据库由许多不同的关系及其之间的联系构成，其中每个关系就是一张二维表，故关系数据也称为数据表。数据分别存储在各个数据表中，每张表包含某个特定主题的数据。

### 1. 关系术语

关系数据库中常用的关系术语主要如下。

（1）关系（Relation）：一张二维表就是一个关系。通常将一个没有重复行、重复列的二维表看成一个关系，每个关系都有一个关系名。例如，"学生表"、"图书表"、"商品表"等。

（2）元组：表中的一行叫做一个元组，元组对应表中具体的一条记录，描述的是现实世界中的一个实体。例如，"学生表"中一个学生的记录就是一个元组。

（3）属性（Attribute）：表中的一列叫做一个属性，也称为一个字段。例如，"学生表"中的"学号"、"姓名"等都是属性或字段。

（4）域（Domain）：属性的取值范围叫做域。例如，"学生表"中的"性别"字段的取值范围只能是"男"或"女"，这就是"性别"属性的域。

（5）关键字（码（Key））：关系中能唯一区分、确定不同元组的属性或属性组合，称为该关系的一个关键字（或候选关键字）。例如，"学生表"中的"学号"、"身份证号"属性等都可以作为候选关键字。

（6）主关键字（主键（Primary Key））：在候选关键字中选定一个作为关键字，被选出的这个关键字就称为该关系的主关键字，或简称主键（Primary Key）。例如，在"学生表"中我们一般选择"学号"作为该关系的主键。

（7）外部关键字（外键（Foreign Key））：如果关系 R 中的某个属性（或属性组合）不是 R 的主关键字，但它却是另一个关系的主关键字，则称此属性（或属性组合）为关系 R 的外部关键字，或简称外键（Foreign Key）。在关系数据库中，主要用外部关键字来表示两个表间的联系。

（8）关系模式：对一个关系的描述称为一个关系模式,通常记作：关系名（属性 1，属性 2，…，属性 $n$）。例如，学生（学号，姓名，性别，专业，系别，年级，籍贯）。

### 2. 关系的性质

关系数据库要求关系必须是规范的，每一个关系都必须具备如下 6 个基本条件。

（1）表中的每一数据项必须是原子的，不可再分。

（2）列是同质的，即每一列有相同的数据类型，且来自同一个域。

（3）不同的列（属性）可出自同一个域，但不同的属性必须要给予不同的属性名。

（4）列的顺序无要求，即任意两列的次序可以交换。

（5）行的顺序无要求，即任意两个元组的次序可以交换。

（6）任意两个元组不能完全相同。

## 1.3.2　关系的完整性

关系完整性是为保证数据库中数据的正确性和相容性，对关系模型提出的某种约束条件或规则。在对数据库进行数据操作时，DBMS 自动按照用户定义的条件对数据实施检测，使不满足约束条件或规则的数据不能被更新，以确保数据库中存储数据的正确性、有效性、相容性。在关系数据库中，数据完整性通常包括实体完整性、域完整性、参照完整性和用户自定义完整性，其中实体完整性、域完整性和参照完整性是关系模型必须满足的完整性约束条件。

### 1. 实体完整性

所谓实体完整性，也称为行完整性，是指一个关系中的所有元组都是唯一的，不存在两个完全相同的元组，也就是一个二维表中不存在完全相同的两行。一般而言，因为一个元组对应现实世界的一个实体，所以称此约束为实体完整性约束。实体完整性的实施方法：例如主键的设置等。

### 2. 域完整性

域完整性也称为列完整性，是对关系表中列数据的规范，用于限制列的数据类型、格式以及取值范围。例如，限制学生表的性别字段的取值范围为"男"或"女"，成绩表的成绩字段的取值范围是 0～100 等。若输入或修改的内容不在指定的范围内，则不符合域完整性，系统不接受。域完整性的实施方法：例如设置字段的有效性规则、设置检查（check）约束等。

### 3. 参照完整性

当一个关系表（从表）中有外部关键字（即该字段是另外一个关系表的主关键字）时，外部关键字列的所有属性值都必须出现在其所对应的主表中，这就是参照完整性。参照完整性是用于确保相联系的表之间数据一致的。参照完整性的作用主要表现如下：

（1）禁止往从表的外键列中插入主表主键列中没有的值；

（2）禁止将会导致从表中相应值孤立的主表中外键列值的修改；

（3）禁止删除与从表中有对应记录的主表数据行。

### 4. 用户自定义完整性

所谓用户自定义完整性，就是由用户根据具体的应用环境，为某个关系定义的除上述 3 种完整性之外的其他约束条件。用户自定义完整性可以是针对一个独立字段的约束，这种情况就类似于前面讲过的域完整性；另外也可以是同时针对多个字段的约束，旨在保证多字段间的数据相容性，因此也可称为元组完整性。一般来说，用户自定义完整性更多是指第二种情况的约束，即针对多个字段的。

值得注意的是，DBMS 只是提供了这种数据完整性的保护机制，至于具体应该如何实施，是由用户根据应用环境的数据要求自己规定的，由用户自己设定保护条件。另外，不同的 DBMS 实施数据完整性约束的机制也不尽相同。例如，Access 数据库管理系统中域完整性的实施主要可以通过设置字段的有效性规则，如果是使用 SQL 语句，那么就可以使用 check 约束等；而参照完整性的实施一般是通过建立表之间的关系或外键约束。

## 1.3.3　关系运算

关系数据模型的理论基础是数学集合论，在关系数据库中对数据的各种处理都是以传统的集合运算和专门的关系运算为根据的。这是关系数据库能得以广泛应用的一个重要原因。

### 1. 传统的集合运算

传统的集合运算主要包括并运算、交运算和差运算 3 种。

（1）并运算：将两个结构相同的关系中所有元组合并形成一个关系，重复的元组只记录一次。

（2）交运算：对于两个结构相同的关系 A 和 B，A 和 B 的交是由既属于 A 又属于 B 的元组组成的。

（3）差运算：对于两个结构相同的关系 A 和 B，A 和 B 的差是由属于 A 但不属于 B 的元组组成的集合。也就是说，从关系 A 中去掉关系 B 中也包含的元组。

表 1.3 和表 1.4 分别是某公司两个年度获奖的员工表（假定分别记为获奖表 1 和获奖表 2），这两个关系做传统集合运算的结果如下所示。

表 1.3    2010 年度获奖员工表

| 员 工 编 号 | 姓　　名 | 性　　别 | 部　　门 |
|---|---|---|---|
| 1001 | 张雯 | 女 | 研发部 |
| 1008 | 赵玉 | 女 | 研发部 |
| 2016 | 贺勇 | 男 | 市场部 |
| 3010 | 章丽思 | 女 | 人事部 |

表 1.4    2011 年度获奖员工表

| 员 工 编 号 | 姓　　名 | 性　　别 | 部　　门 |
|---|---|---|---|
| 1005 | 向凡 | 男 | 研发部 |
| 2016 | 贺勇 | 男 | 市场部 |
| 3010 | 章思丽 | 女 | 人事部 |
| 4002 | 方瑜 | 女 | 财务部 |

为了检索这两个年度中所有获奖员工的情况，可以将这两个关系做并运算，记作获奖表 1∪获奖表 2，运算结果见表 1.5。

表 1.5    获奖表 1∪获奖表 2

| 员 工 编 号 | 姓　　名 | 性　　别 | 部　　门 |
|---|---|---|---|
| 1001 | 张雯 | 女 | 研发部 |
| 1008 | 赵玉 | 女 | 研发部 |
| 2016 | 贺勇 | 男 | 市场部 |
| 3010 | 章丽思 | 女 | 人事部 |
| 1005 | 向凡 | 男 | 研发部 |
| 4002 | 方瑜 | 女 | 财务部 |

为检索在两个年度中都获奖的员工的情况，可以将上述两个关系做交运算，记作获奖表 1∩获奖表 2，运算结果见表 1.6。

表 1.6    获奖表 1∩获奖表 2

| 员 工 编 号 | 姓　　名 | 性　　别 | 部　　门 |
|---|---|---|---|
| 2016 | 贺勇 | 男 | 市场部 |
| 3010 | 章丽思 | 女 | 人事部 |

为检索只在 2010 年度中获奖的员工的情况，可以将两个关系做差运算，记作获奖表 1 - 获奖表 2，运算结果见表 1.7。

表 1.7                                 获奖表 1 – 获奖表 2

| 员工编号 | 姓　名 | 性　别 | 部　门 |
|---|---|---|---|
| 1001 | 张雯 | 女 | 研发部 |
| 1008 | 赵玉 | 女 | 研发部 |

#### 2. 专门的关系运算

专门的关系运算主要包括选择运算、投影运算和连接运算。

（1）选择运算：从关系中找出满足给定条件的元组（记录）的操作。选择是从行的角度进行的运算。

（2）投影运算：从关系中指定若干属性（也称为字段）组成新的关系，投影是从列的角度进行运算，相当于对关系进行垂直分解。

（3）连接运算：是关系的横向结合。将两个关系拼接成一个更宽的关系，得到的新关系中包含满足连接条件的元组记录。

接下来，仍然以上文给出的表 1.3 和表 1.4 这两个记录员工获奖的关系表为例，介绍如何进行专门的关系运算。

为检索 2010 年度中研发部获奖的员工情况，可以对关系获奖表 1 做选择运算，记作 $\sigma_{部门\ =\ "研发部"}$（获奖表 1），运算结果见表 1.8。

表 1.8                                 选择运算

| 员工编号 | 姓　名 | 性　别 | 部　门 |
|---|---|---|---|
| 1001 | 张雯 | 女 | 研发部 |
| 1008 | 赵玉 | 女 | 研发部 |

为检索 2011 年度中获奖员工的姓名和部门，可以对关系获奖表 2 做投影运算，记作 $\pi_{姓名,\ 部门}$（获奖表 2），运算结果见表 1.9。

表 1.9                                 投影运算

| 姓　名 | 部　门 |
|---|---|
| 向凡 | 研发部 |
| 贺勇 | 市场部 |
| 章思丽 | 人事部 |
| 方瑜 | 财务部 |

假定已有公司员工情况总表见表 1.10。

表 1.10                                 员工情况表

| 员工编号 | 姓　名 | 性　别 | 出生日期 | 入职日期 | 籍　贯 | 部　门 |
|---|---|---|---|---|---|---|
| 1001 | 张雯 | 女 | 1980-10-1 | 2007-8-28 | 广东 | 研发部 |
| 1002 | 杨洋 | 男 | 1980-10-15 | 2002-9-2 | 北京 | 研发部 |
| 1005 | 向凡 | 男 | 1976-7-18 | 2000-8-28 | 广东 | 研发部 |
| 1008 | 赵玉 | 女 | 1978-10-1 | 2003-3-2 | 湖南 | 研发部 |
| 2001 | 陈思 | 男 | 1982-4-1 | 2007-3-10 | 广东 | 市场部 |

续表

| 员工编号 | 姓　名 | 性　别 | 出生日期 | 入职日期 | 籍　贯 | 部　门 |
|---|---|---|---|---|---|---|
| 2002 | 孙思成 | 男 | 1980-3-12 | 2007-3-10 | 广东 | 市场部 |
| 2016 | 贺勇 | 男 | 1981-11-1 | 2007-12-2 | 山东 | 市场部 |
| 3010 | 章丽思 | 女 | 1984-5-13 | 2005-8-28 | 广东 | 人事部 |
| 4002 | 方瑜 | 女 | 1985-1-16 | 2007-8-28 | 湖南 | 财务部 |

如果想知道 2010 年获奖员工的详细情况，那么可以对关系获奖表 1 和员工情况表进行连接运算，记作获奖表 1∞员工情况表，运算的结果见表 1.11。

表 1.11　　　　　　　　　　　　连接运算

| 员工编号 | 姓　名 | 性　别 | 部　门 | 出生日期 | 入职日期 | 籍　贯 |
|---|---|---|---|---|---|---|
| 1001 | 张雯 | 女 | 研发部 | 1980-10-1 | 2007-8-28 | 广东 |
| 1008 | 赵玉 | 女 | 研发部 | 1978-10-1 | 2003-3-2 | 湖南 |
| 2016 | 贺勇 | 男 | 市场部 | 1981-11-1 | 2007-12-2 | 山东 |
| 3010 | 章丽思 | 女 | 人事部 | 1984-5-13 | 2005-8-28 | 广东 |

表 1.11 所得到的结果是最常用的自然连接运算的结果。完善的关系数据库管理系统都是以数据操纵语言和 SQL 语言来实现各种关系运算。

## 1.3.4　从 E-R 模型到关系表的转换

关系数据库之所以能得到广泛应用的另一个重要原因是其可以非常方便地将数据的概念模型 E-R 图转换为关系表。

E-R 模型虽然能比较直观方便地模拟现实世界中的事物，但迄今为止，还没有哪个数据库管理软件直接支持该模型，也就是说，E-R 模型仅仅是一种建模的工具，作为连接现实世界与数据世界之间的桥梁。E-R 模型到关系表的转换过程可简单描述为如图 1.15 所示。

图 1.15　E-R 模型到关系表的转换

下面主要介绍从 E-R 模型到关系表转换的各种情况及其过程。

### 1．独立实体到关系表的转换

一个独立实体转化为一个关系模型（即一张关系表），实体的码转化为关系表的关键属性，其他属性转化为关系表的属性，属性的域根据实际对象属性情况确定。例如，对于图 1.16 所示的图书实体，应将其转化为关系模式：

图书（<u>图书编号</u>，书名，作者，出版社），其中单下划线标注的属性是关系表的关键字。

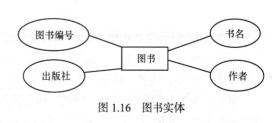

图 1.16　图书实体

### 2. 一对一（1∶1）联系到关系表的转换

如图 1.17 所示的 E-R 模型，经理和部门实体之间存在着一对一的联系，在转换这种联系类型的 E-R 模型时，一般只要在两个实体关系表中分别增加一个外部关键字即可。

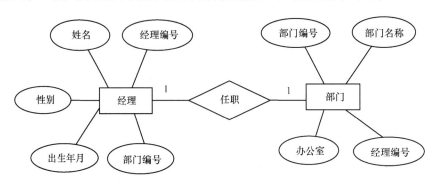

图 1.17  1∶1 联系到关系表的转换

对图 1.17 所示的 E-R 模型，将其转化为关系模式为：

经理（经理编号，姓名，性别，出生年月，部门编号）。

部门（部门编号，部门名称，办公室，经理编号）。

其中，经理编号和部门编号分别是"经理"和"部门"两个关系模式的关键字，在这两个关系模式中，为了表明两者之间的关系，各自分别增加了对方的关键字作为外部关键字，例如，当上述两张表中出现如下的元组时，表明李钰是研发部的部门经理。

（"1001"，"李钰"，"女"，"1974-6-20"，4），（4，"研发部"，"20-305"，"1001"）。

### 3. 一对多（1∶n）联系到关系表的转换

如图 1.18 所示的 E-R 模型，班级和学生实体之间存在着一对多的联系，在转换这种联系类型的 E-R 模型时，一般需要在一对多关系的多方（即 n 方）的关系表中增加一个属性，将对方的关键字作为外部关键字处理即可。

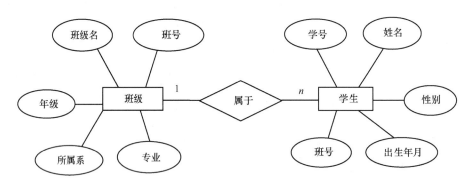

图 1.18  1∶n 联系到关系表的转换

对图 1.18 所示的 E-R 模型，将其转化为关系模式为：

班级（班号，班级名，年级，所属系，专业）。

学生（学号，姓名，性别，出生年月，班号）。

其中，班号和学号分别是"班级"和"学生"两个关系模式的关键字，在这两个关系模式中，为了表明两者之间的关系，在学生关系中增加了班级关系的关键字作为外部关键字，例如，当上述两张表中出现如下的元组时，表明陈燕是 0901 信息管理与信息系统班的学生。

（"2009304201"，"0901 信息管理与信息系统"，"2009"，"信息工程系"，信息管理与信息系统），（200930420102，"陈燕"，"女"，"1990-10-2"，"2009304201"）。

### 4. 多对多（m:n）联系到关系表的转换

图 1.19 所示的 E-R 模型，学生和课程实体之间存在着多对多的联系，在转换这种联系类型的 E-R 模型时，除了对两个实体分别转换关系表外，一般还需要单独再建立一个关系模式，其分别用两个实体表的关键字作为外部关键字，以表示两个实体间的 m:n 的联系。

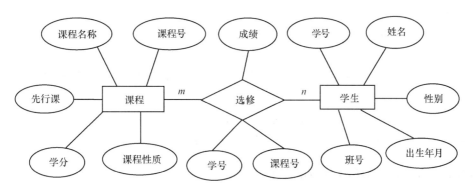

图 1.19   m:n 联系到关系表的转换

对图 1.19 所示的 E-R 模型，应将其转化为如下的 3 个关系模式：

课程（课程号，课程名称，先行课，学分，课程性质）。

学生（学号，姓名，性别，出生年月，班号）。

选修（学号，课程号，成绩）。

### 5. 多元联系到关系表的转换

多元联系是指涉及两个以上实体的联系，例如排课信息表，涉及课程、班级、教师及教室等多个实体。在转换这种联系类型的 E-R 模型时，除了应对每个实体单独转换，还要建立一个表示实体间联系的关系表，将该联系所涉及的全部实体的关键字作为该关系表的外部关键字，再加上其他属性即可。例如：排课表（上课时间，教室号，班级号，课程号，教师号）。

# 1.4　Access 2003 简介

Microsoft Office Access 是微软公司发布的面向办公自动化的关系数据库管理系统，它也是微软 Office 的一个成员。利用它可方便地建立与管理关系数据库，并搭建简单实用而又稳健的应用系统平台，因此目前 Access 仍然被广泛应用于一些企业或公司的日常管理中。Access 的用途主要体现在以下两个方面。

（1）进行数据分析：Access 具备较强大的数据处理、统计分析能力，利用 Access 的查询功能，可以方便地进行各类汇总、平均等统计，并可灵活设置统计的条件。在统计分析大量数据时速度快且操作方便，这一点是 Excel 无法比拟的。

（2）应用到数据系统开发：Access 作为关系数据库管理系统，主要可以用到数据库应用系统中作为后台数据库，例如图书管理、销售管理、学籍管理、人事管理、财务管理等各类企事业管理信息系统。其相比其他数据库管理系统的最大优点是：易学、易用，非计算机专业的人员也能比较轻松地学会并掌握其操作。低成本地满足了那些从事企事业管理岗位工作人员的管理需要，推行其管理思想。例如，实现了非计算机专业管理人员开发出软件的"梦想"，从而转型为"懂管理+会技术"的复合型人才。

## 1.4.1　Access 的发展

Access 2003 是 Office 2003 办公组件中的一个数据库管理软件。自从微软公司于 1992 年 11 月正式推出 Access 1.0 以来，Access 的功能不断地完善和增强，发展到目前的 Access 2007，先后推出了 Access 1.1、Access 2.0、Access 7.0、Access 97、Access 2000、Access 2002、Access 2003、Access 2007 等不同版本，都曾得到了广泛的应用。

本书主要介绍 Access 2003 中文版的使用，在以后章节的叙述中，如果没有特别说明，提到的 Access 均指 Access 2003 中文版。

Access 2003 具有与 Word、Excel 和 PowerPoint 等应用程序统一的操作界面。它使用简单，适应性强，成为用户选用的作为中小型数据库管理系统的主要工具之一。

## 1.4.2　Access 2003 的特点和功能

无论是从应用还是开发的角度看，Access 2003 与以前版本相比，主要有如下一些特点和功能：
- 具有完备的数据库窗口，可容纳并显示多种数据操作对象，同时面向数据库最终用户和数据库开发人员，具备方便快捷的可视化工具和向导；
- 基于 Web 的智能管理功能，共享组件的集成，其利用新的 Office Web 组件和位于浏览器中的 COM 控件，为用户提供多种查看和分析数据的方式；
- 高级用户和开发人员可以创建那些将 Access 界面（客户端）的易用性和 SQL 服务器的可扩展性和可靠性结合在一起的解决方案；
- 典型的开放式关系数据库管理系统，与其他的 Office 2003 组件高度集成，从而方便了 Office 各软件间交换数据的操作；
- 与 Microsoft SQL Server 的交互性，Microsoft Access 支持 OLE DB，使用户可以将 Access 界面的易用性与诸如 Microsoft SQL Server 的后端企业数据库的可升级性相结合；
- 提供了许多方便易用的宏；
- 内置了大量函数和功能强大的编程语言；
- 支持多媒体的应用与开发。

## 1.4.3　Access 2003 的启动与退出

### 1. 启动 Access 2003

启动 Access 有以下几种方法。
- 使用【开始菜单】启动。选择【开始】→【所有程序】→【Microsoft Office】→【Microsoft Office Access 2003】命令，即可启动 Access 软件。启动 Access 2003 后，进入 Access 2003 应用程序的窗口，如图 1.20 所示。
- 在 Windows 资源管理器中双击需要打开的 Access 数据库文件，即可启动 Access，并打开该数据库。
- 为 Access 2003 创建桌面快捷方式。

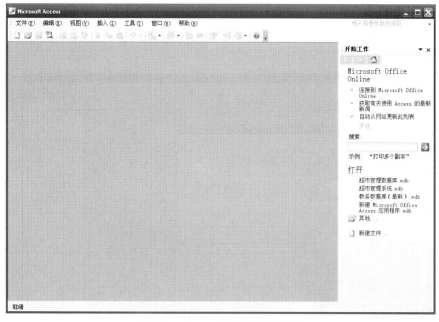

图 1.20　Access 2003 应用程序窗口

　　　　在 Windows 的【开始】菜单中展开【所有程序】/【Microsoft Office】菜单后，用鼠标右键单击【Microsoft Office Access 2003】命令，在弹出的快捷菜单中选择"附到【开始菜单】"命令，即可将 Microsoft Office Access 2003 命令添加到 Windows 的【开始】菜单中。

　　进入 Access 2003 的应用程序窗口后，如果单击【文件】菜单的【新建】命令或直接单击【新建】命令按钮，打开【新建文件】任务窗格，如图 1.21 所示。可以选择【新建】选项下的【空数据库】命令或选择【模板】选项下的【本机上的模板】命令建立新的数据库。

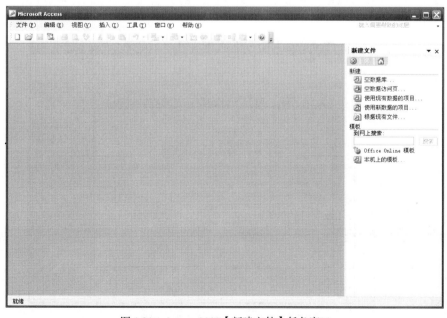

图 1.21　Access 2003【新建文件】任务窗口

如果单击【文件】菜单下的【打开】命令或直接单击【打开】命令按钮，则可以打开【打开】对话框，如图 1.22 所示。可以先选择目标数据库的存储位置，然后选择指定数据库，再单击【确定】按钮即可。

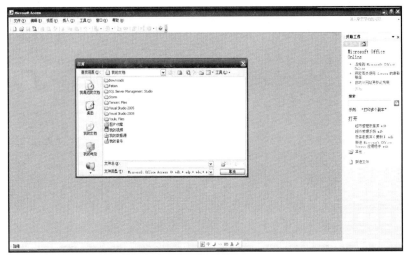

图 1.22　Access 2003【打开】对话框

### 2. 退出 Access 2003

退出 Access 2003 主要有以下几种方法。

- 选择【文件】菜单下的【退出】命令。
- 在 Access 2003 应用程序窗口的标题栏中单击右侧的⊠按钮。
- 按组合键【Alt+F4】。

## 1.4.4　Access 2003 工作环境

Access 2003 的工作环境主要由标题栏、菜单栏、工具栏、状态栏、任务窗格和数据库窗口等组成，如图 1.23 所示。

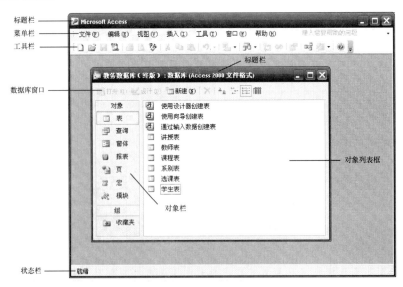

图 1.23　Access 2003 应用程序窗口

# 1.5 Access 数据库的组成

数据库是关于某个特定主题或目的的信息集合，其通过各种数据库对象来组织这些信息。数据库对象是 Access 最基本的容器对象（container），一个 Access 数据库可以包含表、查询、窗体、报表、数据访问页、宏、模块等对象。一个 Access 数据库是以一个单一的操作系统文件，也即数据库文件的形式存储在磁盘中的，其文件扩展名为.mdb。在这个文件中，用户可以将自己的数据分别保存在各自独立的存储空间中，这些空间称为"表"；使用"查询"可以从保存到表中的大量数据中查找并检索到自己需要的数据；可以通过友好的界面来查看、添加及更新表中的数据，这个界面即"窗体"；也可以使用"报表"，以特定的版面布置进行数据的分析及打印；还可以创建"数据访问页"来实现与 Web 的数据交换。可以说，创建并管理数据库对象是应用 Access 建立数据库信息系统的首要工作。

## 1.5.1 表对象

表是数据库最基本的对象，是数据库的数据之源，是数据库中数据的真正"容器"。表是有关特定实体的数据集合，例如学生、图书、员工、商品等，对每个实体分别创建各自的表对象，意味着每种数据只需存储一次，大大降低了数据冗余，提高了数据库的存取效率。表以行列的形式组织数据，表中一行称为一条记录或一个元组，表示一个实体；一列称为一个字段或一个属性。在 Access 中，创建表对象成为创建所有其他对象的起点。

## 1.5.2 查询对象

在 Access 中，利用查询对象可以按照不同的方式来查看、更改以及分析数据，也可以将查询作为窗体、报表和数据访问页的数据源。查询对象是基于表对象或已有的查询对象建立的，查询对象的运行形式与表对象的运行形式几乎完全相同，但它只是表对象中所包含数据的某种抽取与显示，本身并不包含任何数据。

最常见的查询对象类型是选择查询，选择查询根据指定的准则，从一个或多个数据表对象中检索特定的数据，并按照需要的顺序来显示这些数据。

## 1.5.3 窗体对象

窗体对象是 Access 中相对灵活性最强的一种数据库对象，是用户与数据库之间进行交互操作的工作界面。窗体中放置的对象称为"窗体控件"，主要用于执行各种操作，或者通过其输入、显示和编辑数据。窗体对象的数据源可以是表，也可以是查询。

窗体的功能较多，大致可以分为 3 类：提示型窗体、控制型窗体和数据型窗体。

## 1.5.4 报表对象

报表是 Access 中主要用来根据指定的规则打印组织化、格式化的数据的数据库对象。通过报表对数据库中的数据进行分析、统计和整理，并打印输出。例如财务报表、学生成绩分析报表、公司季度销售报表等。报表的数据来源可以是数据库中的表，也可以是查询。和窗体类似的是，在报表中放置的也包括各种类型的控件，通过其可以查看输出数据，但是报表和窗体不同的是，通过窗体界面可读可写可修改数据库中的数据，而报表只能读数据，即不能通过报表输入或更新数据库中的数据。

### 1.5.5  数据访问页对象

数据访问页也简称为"页"，是 Access 数据库中以支持数据库应用系统的 Web 访问方式的一种数据库对象，页对象是特殊的 Web 页。数据访问页以一个独立的文件保存在 Access 数据库文件以外，但其中的数据却链接自 Access 数据库文件，数据访问页是直接与数据库连接的。由此，用户就可以借助浏览器工具在这个数据访问页上实现对 Access 数据库中数据的操作，从而形成一个完善的网络数据库应用系统。通过数据访问页对数据本身的改动，例如修改、添加或删除数据，都会被保存在基本数据库中。

### 1.5.6  宏

宏是指由一个或多个操作组成的集合，其中每个操作能够完成特定的任务。宏包含若干操作命令，它和菜单操作命令类似，只是它们对数据库施加作用的时间不同，作用时的条件也有所不同。借助宏可以简化数据库中的各种操作，使数据库的管理和维护更轻松。

### 1.5.7  模块

模块是将 Visual Basic for Application（VBA）声明、语句和过程作为一个集合单元来保存的数据库对象。如一些通用的函数、通用的处理过程、复杂的运算过程、核心的业务处理等，都可以放在一个模块中，利用模块可以提高代码的可重用性，同时有利于代码的组织与管理。

# 1.6  创建 Access 数据库

Access 数据库是表、查询、窗体、报表、数据访问页、宏和模块等对象的容器，是一个独立的文件。数据库创建之前，先要确定目标数据库所要完成的任务。需要明确所要建立的数据库存储什么信息、解决什么问题、实现什么功能等，同时还要考虑界面的友好性、可操作性、方便可靠性、易维护性等。获取用户对系统的需求，对数据库进行需求分析和研究，然后进行各阶段的设计，并最后创建数据库。数据库设计一般经过如下步骤：

① 确定数据库的需求；
② 设计数据库的概念结构，根据概念模型确定数据库中需要的表；
③ 设计数据库的逻辑结构，确定各个表中需要的字段及各字段的数据类型长度等；
④ 数据库的物理实现。

### 1.6.1  Access 数据库的创建

Access 数据库应用程序开发总是从创建 Access 数据库文件开始。创建新的 Access 数据库通常使用【新建文件】任务窗格，如图 1.21 所示。打开【新建文件】任务窗格的方法有以下几种。

- 选择【文件】菜单中的【新建】命令。
- 按【Ctrl+N】组合键。
- 选择【开始工作】任务窗格中的【新建文件】选项。

### 1. 创建空数据库

创建空数据库是较常用的一种创建数据库的方法。下面将对如何创建空数据库进行讲解。

（1）单击【新建文件】任务窗格中的【空数据库】命令，如图 1.24 所示。

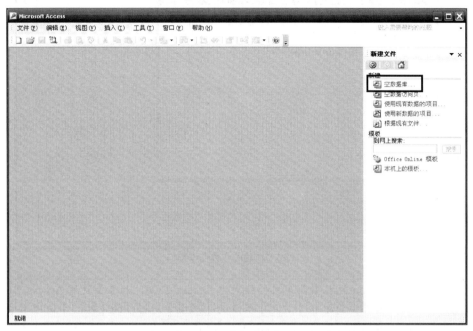

图 1.24 在【新建文件】任务窗格中创建空数据库

在弹出的【文件新建数据库】对话框中指定数据库文件的存储位置，并输入数据库文件的名称，如图 1.25 所示。

图 1.25 【文件新建数据库】对话框

（2）单击【创建】按钮，空数据库即创建完成，弹出 Access 2003 数据库的窗口，如图 1.26 所示。

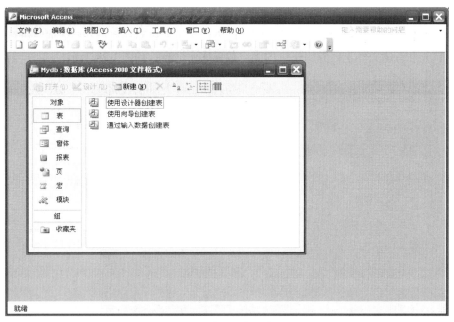

图 1.26　新建的空数据库窗口

Access 默认数据库文件格式为 Access 2000，如果要使用 Access 2002-2003 文件格式，需要在【工具】菜单的【选项】对话框的【高级】选项卡中将【默认文件格式】设置为 Access 2002-2003 文件格式，这样数据库才能使用 Access 2003 的新特性，如图 1.27 所示。

图 1.27　设置数据库默认文件格式的【选项】对话框

### 2. 使用"模板"创建数据库

Access 为用户提供了一些基本的数据库模板，利用这些模板可以方便、快捷地创建数据库。主要包括订单、分类总账、服务请求管理、工时与账单、讲座管理、库存控制、联系人管理、支出、资产追踪和资源调度等模板。在使用模板创建数据库之前，应该先从所提供的模板中找出一个与所要建立数据库相似的模板，如果所选择的模板不能完全符合要求，那么可以在数据库创建好之后，在此基础上进行适当的修改。下面将对如何使用模板创建数据库进行讲解。

（1）单击【新建文件】任务窗格中的【本机上的模板】命令，即可弹出【模板】对话框，如图 1.28 所示。单击【数据库】选项卡，列出 Access 2003 提供给用户的 10 个数据库模板。

图 1.28 【模板】对话框

（2）在列出的 10 个数据库模板中选择最符合所创建数据库要求的模板，然后单击 确定 按钮，打开【文件新建数据库】对话框，如图 1.29 所示。

图 1.29 【文件新建数据库】对话框

（3）在【保存位置】下拉列表框中选择保存数据库文件的位置，在【文件名】组合文本框中输入所要创建数据库的名称，单击 创建(C) 按钮，完成数据库的保存，并弹出【数据库向导】对话框，如图 1.30 所示。

图 1.30 【数据库向导】对话框

（4）单击 下一步(N) > 按钮，弹出【选择表中字段】对话框，如图 1.31 所示。选择数据库所需要的表以及表中的字段，单击 下一步(N) > 按钮，显示【确定屏幕显示样式】对话框，如图 1.32 所示。选择合适的屏幕样式后，即为窗体设置显示的样式，单击 下一步(N) > 按钮，弹出【确定打印报表样式】对话框，如图 1.33 所示。选择合适的报表样式后，单击 下一步(N) > 按钮，弹出【指定数据库标题】对话框，如图 1.34 所示，为数据库指定标题，并还可为所有报表添加一幅图片。

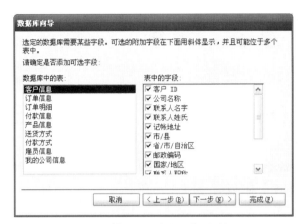

图 1.31 【选择表中字段】对话框

图 1.32 【确定屏幕显示样式】对话框

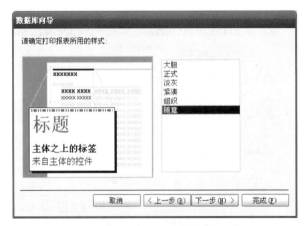

图 1.33 【确定打印报表样式】对话框

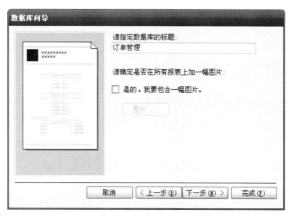

图 1.34　【指定数据库标题】对话框

（5）单击 下一步(N) > 按钮，打开数据库向导的完成信息对话框，如图 1.35 所示。在该对话框中可选择在创建指定数据库后是否启动该数据库。选中 ☑ 是的，启动该数据库。复选框，则可在创建完数据库后启动该数据库。

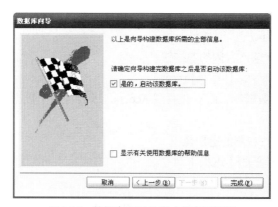

图 1.35　数据库向导的完成信息对话框

（6）单击 完成(F) 按钮，弹出【我的公司信息】对话框，可以选择性地输入公司的相关信息，也可以选择不输入直接关闭该对话框，进入到【主切换面板】窗口，如图 1.36 所示。

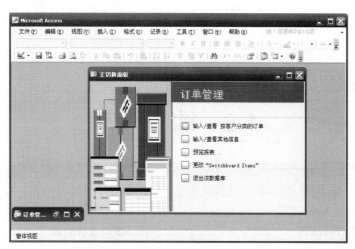

图 1.36　【主切换面板】窗口

利用模板创建数据库后，还可以根据具体的需求对数据库进行进一步的修改或设置，以使其最大程度满足用户的要求。

## 1.6.2  Access 数据库的基本操作

此小节内容主要介绍 Access 数据库的打开和关闭。

**1. 打开数据库**

打开数据库主要有以下方法：

- 从 Access 应用程序窗口的【文件】菜单中选择【打开】命令，弹出【打开】对话框，选择所需要打开的数据库，打开数据库。
- 从 Windows 资源管理器中打开数据库，找到数据库所在的文件夹，双击数据库文件即可打开。

> Access 一次只能打开一个数据库，即打开一个数据库的同时会关闭以前打开的数据库。

**2. 关闭数据库**

关闭数据库主要有以下方法：

- 单击数据库窗口标题栏右侧的 ⊠ 按钮。
- 选择【文件】菜单下的【关闭】命令。

但这两种方法仅关闭数据库，而不会退出 Access。若要在关闭数据库的同时退出 Access，可选择以下方法：

- 单击 Access 标题栏右侧的 ⊠ 按钮。
- 选择【文件】菜单下的【退出】命令。

# 1.7  本章小结

本章主要介绍了数据库系统的基本知识，包括数据、数据库、数据库管理系统、数据库系统等基本概念，接着阐述了各种数据模型的特点及在数据库设计各阶段中的重要作用，紧接着介绍了简单易用、功能全面、操作方便的关系数据库管理系统 Microsoft Access 2003，并讲述了使用 Access 2003 创建数据库的方法及过程。读者应该在熟练掌握本章基础知识的基础上，深入学习数据库课程后续章节的内容。

# 1.8  练  习

**1. 选择题**

（1）在数据库设计中，将 E-R 图转换成关系数据模型的过程属于（      ）。（2008 年 4 月计算机二级 Access 试题）

    A. 需求分析阶段　　　　　　　　　B. 概念设计阶段

    C. 逻辑设计阶段　　　　　　　　　D. 物理设计阶段

（2）学校规定学生住宿标准是：本科生 4 人一间，硕士生 2 人一间，博士生 1 人一间，学生与宿舍之间形成了住宿关系，这种住宿关系是（　　　）。

    A．一对一联系　　　　　　　　　　B．一对四联系

    C．一对多联系　　　　　　　　　　D．多对多联系

（3）用二维表来表示的实体及实体之间联系的数据模型称为（　　　）。（2007 年 9 月计算机二级 Access 试题）

    A．层次模型　　　　　　　　　　　B．网状模型

    C．面向对象模型　　　　　　　　　D．关系模型

（4）在学生表中要查找所有年龄大于 30 岁姓王的男同学，应该采用的关系运算是（　　　）。（2011 年 3 月计算机二级 Access 试题）

    A．选择　　　　B．投影　　　　C．联接　　　　D．自然联接

（5）下列叙述中正确的是（　　　）。（2007 年 9 月计算机二级 Access 试题）

    A．为了建立一个关系，首先要构造数据的逻辑关系

    B．表示关系的二维表中各元组的每一个分量还可以分成若干个数据项

    C．一个关系的属性名表称为关系模式

    D．一个关系可以包括多个二维表

（6）Access 是一种关系型数据库管理系统，所谓的关系是指（　　　）。

    A．一个数据库文件与另一个数据库文件之间有一定的关系

    B．数据模型符合一定条件的二维格式

    C．数据库中的实体存在的联系

    D．数据库中各实体的联系是唯一的

（7）设有表示学生选课的三张表，学生 S（学号，姓名，性别，年龄，身份证号），课程 C（课号，课名），选课 SC（学号，课号，成绩），则表 SC 的关键字（键或码）为（　　　）。（2008 年 4 月计算机二级 Access 试题）

    A．课号，成绩　　　　　　　　　　B．学号，成绩

    C．学号，课号　　　　　　　　　　D．学号，姓名，成绩

（8）在企业中，职工的"工资级别"与职工个人"工资"的联系是（　　　）。（2007 年 9 月计算机二级 Access 试题）

    A．一对一联系　　　　　　　　　　B．一对多联系

    C．多对多联系　　　　　　　　　　D．无联系

（9）下列说法中不正确的是（　　　）。

    A．人工管理阶段程序之间存在大量重复数据，数据冗余大

    B．文件系统阶段程序和数据有一定的独立性，数据文件可以长期保存

    C．数据库阶段提高了数据的共享性，减少了数据冗余

    D．上述说法都是错误的

（10）假设一个书店用（书号，书名，作者，出版社，出版日期，库存数量……）一组属性来描述图书，可以作为"关键字"的是（　　　）。（2007 年 9 月计算机二级 Access 试题）

    A．书号　　　　B．书名　　　　C．作者　　　　D．出版社

（11）数据库系统的核心是（　　　）。

    A．数据　　　　　　　　　　　　　B．数据库管理员

C. 数据库  　　　　　　　D. 数据库管理系统

（12）在教师表中，如果找出职称为"教授"的教师，所采用的关系运算是（　　　）。（2008年4月计算机二级Access试题）

　　A. 选择　　　　B. 投影　　　　C. 联接　　　　D. 自然联接

（13）二维表由行和列组成，每一列表示关系的一个（　　　）。

　　A. 元组　　　　B. 字段　　　　C. 集合　　　　D. 记录

（14）有3个关系R、S和T，分别如图1.37（a）、（b）和（c）所示。

| B | C | D |
|---|---|---|
| a | 0 | K1 |
| b | 1 | N1 |

（a）关系R

| B | C | D |
|---|---|---|
| f | 3 | h2 |
| a | 0 | k1 |
| N | 2 | x1 |

（b）关系S

| B | C | D |
|---|---|---|
| a | 0 | k1 |

（c）关系T

图1.37

由关系R和S通过运算得到关系T，则所使用的运算为（　　　）。(2008年4月计算机二级Access试题）

　　A. 并　　　　B. 自然连接　　　　C. 笛卡尔积　　　　D. 交

（15）下列属于Access对象的是（　　　）。（2007年9月计算机二级Access试题）

　　A. 文件　　　　B. 数据　　　　C. 记录　　　　D. 查询

（16）下列叙述中正确的是（　　　）。

　　A. 数据库系统是一个独立的系统，不需要操作系统的支持

　　B. 数据库技术的根本目标是要解决数据的共享问题

　　C. 数据库管理系统就是数据库系统

　　D. 以上3种说法都不对

（17）关系数据库是以（　　　）为基本结构而形成的数据集合。

　　A. 数据表　　　　B. 关系模型　　　　C. 数据模型　　　　D. 关系代数

（18）数据库中有A，B两表，均有相同字段C，在两表中C字段都设为主键。当通过C字段建立两表关系时，则该关系为（　　　）。（2009年4月计算机二级Access试题）

　　A. 一对一　　　　　　　　B. 一对多

　　C. 多对多　　　　　　　　D. 不能建立关系

（19）在Access数据库对象中，体现数据库设计目的的对象是（　　　）。（2009年4月计算机二级Access试题）

　　A. 报表　　　　B. 模块　　　　C. 查询　　　　D. 表

（20）在Access数据库中，用来表示实体的是（　　　）。（2012年3月计算机二级Access试题）

　　A. 表　　　　B. 记录　　　　C. 字段　　　　D. 域

**2. 填空题**

（1）数据库系统主要由计算机系统、数据库、_____、数据库应用系统及相关人员组成。

（2）关系运算中，专门的关系运算主要包括_____、_____、_____。

（3）E-R 图主要由_____、_____、_____三大元素构成。

（4）Access 数据库包含的 7 个数据库对象分别是表、_____、_____、报表、_____、_____、_____。

（5）根据数据结构的不同进行划分，常用的数据模型主要有_____、_____、_____。

### 3. 简答题

（1）简述什么是数据、数据库、数据库管理系统、数据库系统，并分析它们之间的关系。

（2）数据管理技术的发展经历了哪几个阶段？每个阶段各有什么特点？

（3）什么是数据模型？主要有哪几种数据模型？

（4）实体之间的类型主要有哪几种？并各举例说明。

（5）什么是 E-R 图？有什么作用？

（6）简述实体、属性、码、关系、元组、字段、域、主键、外键等概念。

（7）什么是关系数据库？其特点有哪些？

（8）Access 2003 主要有哪些功能和特点？

（9）简述 Access 数据库的 7 个对象及其作用。

（10）数据库设计的一般步骤是什么？

### 4. 应用题

将图 1.38～图 1.40 所描述的 E-R 模型分别转换为关系模型，请用关系模式表示，并指出每个关系模式的主关键字和外部关键字（如果有）。

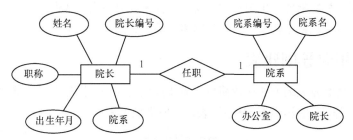

图 1.38　院长与院系之间的 1∶1

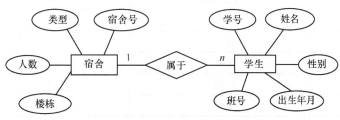

图 1.39　宿舍与学生之间 1∶$n$

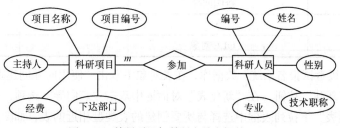

图 1.40　科研项目与科研人员之间的 $m∶n$

# 第2章
# 数据表

## 2.1 创建数据表

数据表是数据库的基础，Access 用表来管理数据。一个 Access 数据库中可以包含多个表，一个表对象通常是一个关于特定主题的数据集合。每一个表在数据库中通常具有不同的用途。为了方便管理，最好为数据库的每个主题都建立不同的表，以提高数据库的查找效率，减少输入数据的错误率。

表的功能除了存放数据外，也为查询、窗体、报表等对象提供数据来源。因此，表结构定义的好坏直接影响数据库的使用效果。建立数据表一般分为两步：定义表结构，向表中添加数据。

### 2.1.1 使用向导创建表

使用表向导创建数据表的方法比较简单，只要按照向导提示操作即可，适合初学者。

【例 2.1】 使用向导方法创建"学生"表，字段类型见表 2.1 所示。

表 2.1　　　　　　　　　　　　　　　学生表字段类型

| 字段名称 | 字段类型 | 大　　小 | 是否为主键 |
|---|---|---|---|
| 学号 | 文本 | 12 | 是 |
| 姓名 | 文本 | 6 | |
| 性别 | 文本 | 1 | |
| 出生日期 | 日期 | | |
| 身份证号 | 文本 | 18 | |
| 入学年份 | 数字 | 4 | |
| 系别 | 查阅向导 | | |
| 手机号 | 文本 | 11 | |
| 照片 | OLE 对象 | | |

（1）打开"等级考试报名系统"数据库，在表对象下双击"使用向导创建表"选项，如图 2.1 所示。或者单击"新建"按钮，在"新建表"对话框中双击"表向导"选项，如图 2.2 所示。

（2）在"示例表"下拉列表框中选择与所要创建的表类型相近的表，如图 2.3 所示。将对应的"示例字段"选入"新表中的字段"，如图 2.4 所示。

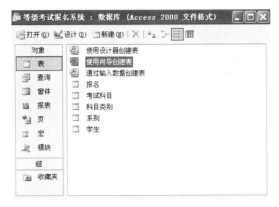

图 2.1 表对象中使用向导创建表

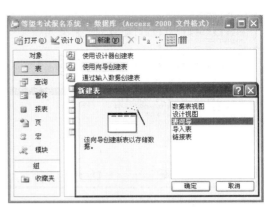

图 2.2 新建中使用向导创建表

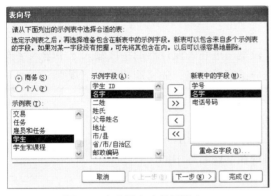

图 2.3 在向导中选择示例表

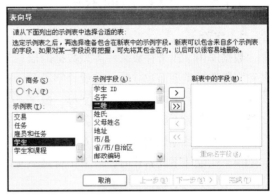

图 2.4 选择示例表中的示例字段

（3）若"示例字段"名称与所要创建的字段名称不符，可以对其进行重命名，如图 2.5 所示。

（4）重命名字段后，单击"下一步"按钮。

（5）弹出"表向导"的指定表名称的对话框，输入表名"学生"，如图 2.6 所示。在"请确定是否用向导设置主键"单选框中，根据需要选择自己设置主键还是系统自动设置。

图 2.5 重命名示例字段

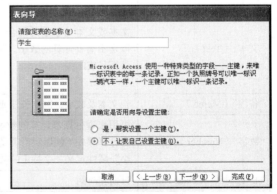

图 2.6 输入新表名

（6）单击"下一步"按钮，弹出表关系设置对话框，可以设置与其他表之间的关系，如图 2.7 所示。

（7）单击"下一步"按钮，弹出"请选择向导创建完表之后的动作"，如图 2.8 所示。

（8）单击"完成"按钮，结束向导。

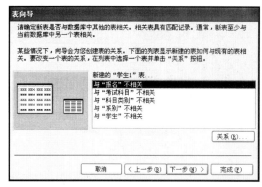

图 2.7　设置表间相关性

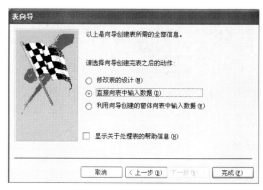

图 2.8　完成表向导设置

## 2.1.2　字段与数据类型

### 1．字段

数据库用字段来存放某一类型数据的信息。字段是通过在表设计器的字段输入区中输入字段名和字段数据类型而建立的。在设计字段时，首先应给字段命名，通常应遵循以下规则。

（1）字段名可以使用大小写字母、数字、空格等字符表示。

（2）字段名不能以空格开头。

（3）字段名称长度最长可达 64 个字符。但是应尽量避免使用特别长的字段名。

（4）在设计字段名称时，以下字符是不允许出现在字段名称中的。

- .点号（英文标点符号）
- !叹号（英文标点符号）
- [ ]中括符

### 2．字段的数据类型

在 Access 中提供了 10 种数据类型，表 2.2 中列出了每种数据类型的用法和大小。

表 2.2　　　　　　　　　　　Access 中的数据类型和用法

| 数据类型 | 用　法 | 大　小 |
|---|---|---|
| "文本"（Text） | 文本或文本与数字的组合，例如地址；也可以是不需要计算的数字，例如电话号码，零件编号或邮编 | 最多 255 个字符。Microsoft Access 只保存输入到字段中的字符，而不保存 Text 字段中未用位置上的空字符。设置"字段大小"属性可控制可以输入字段的最大字符数 |
| "备注"（Memo） | 长文本及数字，例如备注或说明 | 最多 64000 个字符 |
| "数字"（Number） | 可用来进行算术计算的数字数据，涉及货币的计算除外（使用货币类型），设置"字段大小"属性定义一个特定的数字类型 | 1，2，4 或 8 字节 |
| "日期/时间"（Date/Time） | 日期和时间 | 8 字节 |
| "货币"（Currency） | 货币值。使用货币数据类型可以避免计算时四舍五入。精确到小数点左边 15 位数及右边 4 位数 | 8 字节 |
| "自动编号"（AutoNumber） | 在添加记录时自动插入的唯一顺序（每次递增 1）或随机编号 | 4 字节 |

续表

| 数据类型 | 用 法 | 大 小 |
|---|---|---|
| "是/否"<br>（Yes/No） | 字段只包含两个值中的一个，例如"是/否"，"真/假"，"开/关" | 1 位 |
| "OLE 对象"<br>（OLE Object） | 在其他程序中使用 OLE 协议创建的对象（例如 Microsoft Word 文档，Microsoft Excel 电子表格，图像，声音或其他二进制数据），可以将这些对象链接或嵌入 Microsoft Access 表中。必须在窗体或报表中使用绑定对象框来显示 OLE 对象 | 最大可为 1GB（受磁盘空间限制） |
| "超链接"<br>（Hyperlink） | 存储超链接的字段，超链接可以是 UNC 路径或 URL | 最多 64000 个字符 |
| "查阅向导" | 创建允许用户使用组合框选择来自其他表或来自值列表中的值的字段。在数据类型列表中选择此选项，将启动向导进行定义 | 与主键字段的长度相同，且该字段也是"查阅"字段；通常为 4 字节 |

## 2.1.3 使用设计器创建表

使用表设计器创建表是最灵活有效的一种方法，也是开发过程中最常用的方法，用户可以自己定义表中的字段、字段的数据类型、字段的属性，以及表的主键等。不过这需要用户对这个表的功能比较了解，事先设计出这个表的结构。

### 1. 表设计器

表设计器是由字段名称、数据类型、说明和字段属性 4 个部分构成的，如图 2.9 所示。在设计视图窗口中对字段的定义按如下步骤：

（1）指定字段名称；

（2）选择字段的数据类型；

（3）设置字段属性；

（4）为表定义一个主键字段；

（5）保存新建的表，并按 Access 命名规则给此表命名。

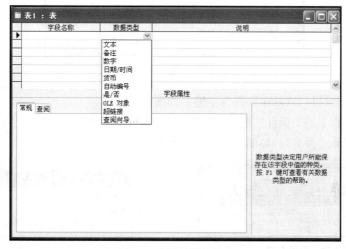

图 2.9　表设计器的构成

## 2．使用设计器创建表

【例 2.2】 在"等级考试报名系统"数据库中建立"报名"表，字段类型见表 2.3。

表 2.3 报名表字段类型

| 字段名称 | 字段类型 | 大　　小 | 是否为主键 |
|---|---|---|---|
| 学号 | 文本 | 12 | 是 |
| 科目 ID | 整型 | 2 | 是 |
| 报名日期 | 日期 | | |
| 缴费否 | 是/否 | | |
| 备注 | 备注 | | |

（1）在表对象下双击"使用设计器创建表"，如图 2.10 所示。或者在"新建表"对话框中选择"设计视图"，如图 2.11 所示，单击"确定"按钮。

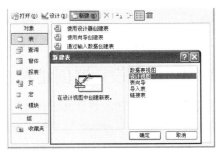

图 2.10　直接打开表设计视图　　　　　　　　　图 2.11　新建中打开表设计视图

（2）输入相应的字段名称，选择数据类型，设置字段属性，如图 2.12 所示。

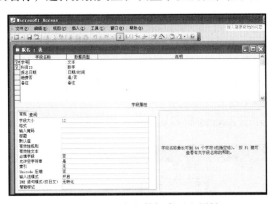

图 2.12　设置字段数据类型和属性

（3）设置学号和科目 ID 两个字段为主键，如图 2.13 所示。

（4）单击工具栏上的"保存"按钮或"文件"菜单下的"保存"命令。在弹出的"另存为"对话框中输入表名称"报名"，如图 2.14 所示，保存表结构设计。

图 2.13　设置主键　　　　　　　　　　　　图 2.14　输入表名

## 2.1.4　通过输入数据创建表

通过输入数据创建表的方法即直接将数据表输入到空白的数据表对象中，并保存新的数据表。Access 分析数据并自动为每一字段指定适当的数据类型和格式。

【例 2.3】　在"等级考试报名系统"数据库中建立"考试科目"表，字段类型见表 2.4。

表 2.4　　　　　　　　　　　　　　考试科目表字段类型

| 字段名称 | 字段类型 | 大　　小 | 是否为主键 |
|---|---|---|---|
| 科目 ID | 整型 | 2 | 是 |
| 科目名称 | 文本 | 30 | |
| 科目类别 | 查阅向导 | | |
| 考试费用 | 货币 | | |

（1）在表对象下双击"通过输入数据创建表"，如图 2.15 所示，或者在"新建表"对话框中选择"数据表视图"，如图 2.16 所示。单击"确定"按钮。

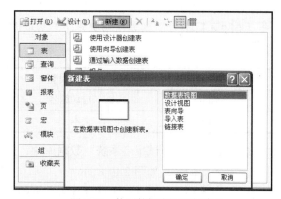

图 2.15　直接打开数据创建表　　　　　　　　　图 2.16　使用数据表视图创建表

（2）在新的数据表中双击列名，依次给每列重命名，即输入字段名称，如图 2.17 所示。

图 2.17　数据表中重命名字段

（3）将数据添加至数据表中，如果是日期、时间、货币等数据类型的数据，保持输入格式的一致，如图 2.18 所示。

（4）使用文件菜单的"保存"命令保存表结构。

通过数据创建表的方法创建表和输入数据，只输入了字段的名称和相应的数据，没有设置字段的数据类型和属性值，一般情况下系统默认文本型。因此，需要用表设计器对表的结构进行修改。

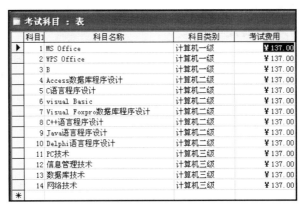

图 2.18　数据表中输入数据

## 2.1.5　使用导入创建表

Access 提供将外部数据导入数据库的功能。Access 数据库中的表、Excel 工作表、带分隔符号的文本文件等都是可导入文件类型。

【例 2.4】　在"等级考试报名系统"数据库中建立"系别"表，字段类型见表 2.5。

表 2.5　　　　　　　　　　　　　　系别表字段类型

| 字段名称 | 字段类型 | 大　　小 | 是否为主键 |
| --- | --- | --- | --- |
| 系别 ID | 自动编号 | | 是 |
| 系别名称 | 文本 | 20 | |

（1）在"等级考试报名系统"数据库中，选择"文件"下拉菜单中的"获得外部数据"选项中的"导入"命令，如图 2.19 所示。

（2）在"导入"对话框中选择导入数据的文件类型、文件路径和文件名，如图 2.20 所示。

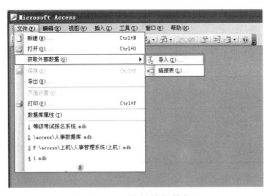

图 2.19　获得外部数据

图 2.20　选择外部数据存放路径

（3）打开"导入数据表向导"对话框，依据向导提示，设置显示数据所在的工作表或区域，如图 2.21 所示，设置第一行是否包含列标题，设置字段是否包含索引，设置主键等，如图 2.22、图 2.23 和图 2.24 所示。

（4）单击"下一步"按钮，在对话框中输入导入表的名称，如图 2.25 所示。完成导入表的操作。

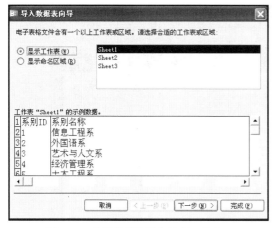

图 2.21　选择外部数据存放的工作表

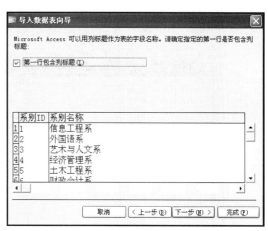

图 2.22　设置是否包含列标题

图 2.23　设置字段是否包含索引

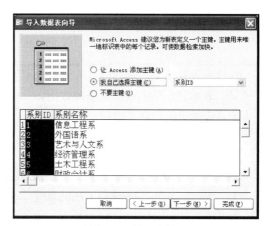

图 2.24　设置主键

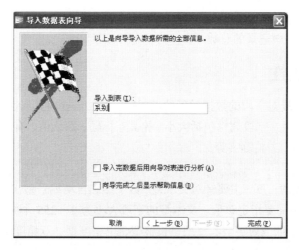

图 2.25　输入表名

## 2.1.6　向表中输入数据

建立完表结构，双击需要输入数据的表，可以直接往其中输入数据，如图 2.26 所示。

图 2.26　向表中输入数据

在数据表视图中，每行行首的记录选定器的几种符号代表不同含义。

✎：表示正在输入数据或修改数据。

▶：表示光标所在当前行。

＊：表示可以在此行输入新数据。

记录：|◀ ◀　　　　　27　　　▶ ▶| ▶＊ 共有记录数：31

|◀ ▶|：分别表示跳转到表中的最前一条、最末一条记录。

◀ ▶：分别表示当前记录的上一条、下一条记录。

▶＊：表示新添加一条记录。

27 ：表示当前行数。

共有记录数：31：表示表中记录的总数。

## 2.1.7　字段属性

在设计视图中，完成对字段的数据类型的设置后，往往需要对其属性进行相应的设置。不同的数据类型有不同的属性。字段属性包括大小、格式、标题、默认值、有效性规则与有效性文本、掩码、必填字段、索引、主关键字等。

### 1．字段大小

字段大小指定字段的长度，主要针对文本型、数字型和自动编号型，日期/时间、货币、备注、是/否、超链接等类型不需要指定该值。文本型的字段大小为 1～255 个中文或英文字符，默认值为 50。数字型字段大小取值为字节、整型、长整型、单精度型、双精度型、同步复制 ID、小数型等几种，见表 2.6。

表 2.6　　　　　　　　　　　　　　　数据类型说明

| 字段大小 | 说　明 | 小数位数 | 存储容量 |
|---|---|---|---|
| 字节 | 保存从 0～255（无小数位）的数字 | 无 | 1 字节 |

续表

| 字段大小 | 说　　明 | 小数位数 | 存储容量 |
|---|---|---|---|
| 整型 | 保存从-32768~32767（无小数位）的数字 | 无 | 2 字节 |
| 长整型 | （默认值）保存从-2147483648~2147483647 的数字（无小数位） | 无 | 4 字节 |
| 单精度型 | 保存从$-3.4\times10^{38}$~$-1.4\times10^{-45}$的负值，从 $1.4\times10^{-45}$~$3.4\times10^{38}$的正值 | 7 | 4 字节 |
| 双精度型 | 保存从$-1.8\times10^{308}$~$-4.9\times10^{-324}$的负值，从$1.8\times10^{308}$~$4.9\times10^{-324}$的正值 | 15 | 8 字节 |

### 2. 格式

格式属性用来确定数据显示的样式。不同数据的格式属性不同，如图 2.27、图 2.28、图 2.29 所示。

数字/货币类型

| 常规数字 | 3456.789 |
|---|---|
| 货币 | ￥3,456.79 |
| 欧元 | €3,456.79 |
| 固定 | 3456.79 |
| 标准 | 3,456.79 |
| 百分比 | 123.00% |
| 科学记数 | 3.46E+03 |

图 2.27　数字/货币类型

日期/时间类型

| 常规日期 | 1994-6-19 17:34:23 |
|---|---|
| 长日期 | 1994年6月19日 |
| 中日期 | 94-06-19 |
| 短日期 | 1994-6-19 |
| 长时间 | 17:34:23 |
| 中时间 | 下午 5:34 |
| 短时间 | 17:34 |

图 2.28　日期/时间类型

是/否类型

| 真/假 | True |
|---|---|
| 是/否 | Yes |
| 开/关 | On |

图 2.29　是/否类型

### 3. 标题

标题是数据视图中显示的标签，这里只改变显示，不改变字段名本身。例如将“学生”表中的“姓名”字段设置标题属性为“学生姓名”，如图 2.30 所示。

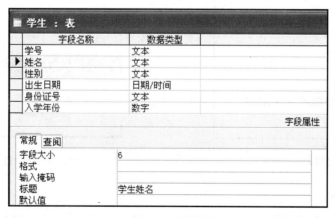

图 2.30　标题属性

### 4. 默认值

添加新记录时，在表中自动显示的值为默认值。可以是确定的值，也可以是表达式。例如将“性别”字段的默认值属性设为“女”，如图 2.31 所示。

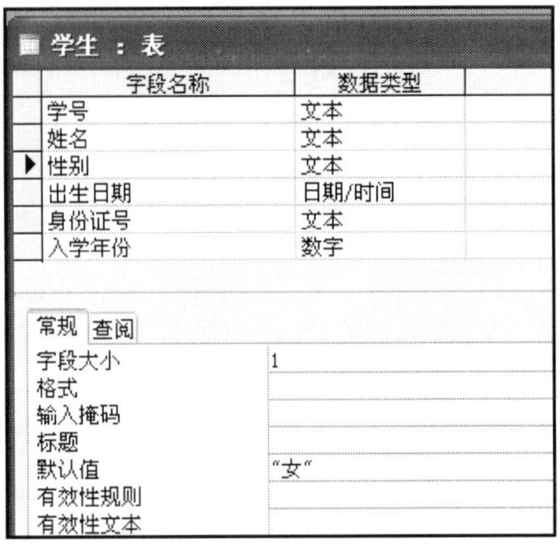

图 2.31　默认值属性

### 5. 有效性规则与有效性文本

数据有效性规则用于对字段所接受的值加以限制。有效性可以是系统自动的，也可以是用户自定义的。系统通过有效性的取值范围判断输入的数据是否符合规则，若不符合，则弹出有效性文本作为提示框，在其中显示有效输入提示信息。例如，在"学生"表中将入学年份的有效性规则设为"<2013"，有效性文本设为"请输入当前年份之前的年份"，如图 2.32 所示。当系统输入的年份超过 2012 时，就弹出提示框，如图 2.33 所示，要求输入正确的取值。

图 2.32　有效性规则属性图

图 2.33　有效性文本提示框

### 6. 掩码

设定字段中输入数据的模式，作用类似模板。保证用户按要求输入正确的数据及格式。创建输入掩码时，可以使用特殊字符来要求输入的数据，特殊字符的含义见表 2.7。输入掩码设置可通过向导来完成，但只有文本和日期数据类型的数据拥有掩码向导，如图 2.34 所示。例如，在"学生"表中将 "出生日期"字段按短日期形式输入，如图 2.35 和图 2.36 所示，在"学生"表查看设置后的效果，如图 2.37 所示。

表2.7 输入掩码特殊字符含义

| 字　　符 | 说　　明 |
|---|---|
| 0 | 数字（0 到 9，必选项；不允许使用加号[+]和减号[-]） |
| 9 | 数字或空格（非必选项；不允许使用加号和减号） |
| # | 数字或空格（非必选项；空白将转换为空格，允许使用加号和减号） |
| L | 字母（A 到 Z，必选项） |
| ? | 字母（A 到 Z，可选项） |
| A | 字母或数字（必选项） |
| a | 字母或数字（可选项） |
| & | 任一字符或空格（必选项） |
| C | 任一字符或空格（可选项） |
| . , : ; - / | 十进制占位符和千位、日期和时间分隔符（实际使用的字符取决于 Microsoft Windows 控制面板中指定的区域设置） |
| < | 使其后所有的字符转换为小写 |
| > | 使其后所有的字符转换为大写 |
| ! | 是输入掩码从右到左显示，而不是从左到右显示。键入掩码中的字符始终都是从左到右填入。可以在输入掩码中的任何地方包括感叹号 |
| \ | 使其后的字符显示为原义字符。可用于将该表中的任何字符显示为原义字符（例如，\A 显示为 A） |
| 密码 | 将"输入密码"属性设置为"密码"，以创建密码项文本框。文本框中键入的任何字符都按字面字符保存，但显示为星号（*） |

图 2.34　输入掩码向导提示框

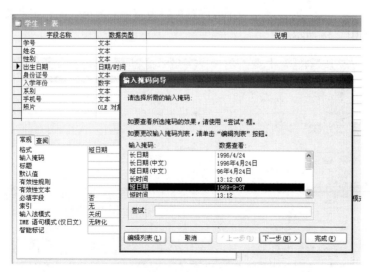

图 2.35　输入掩码向导设置短日期

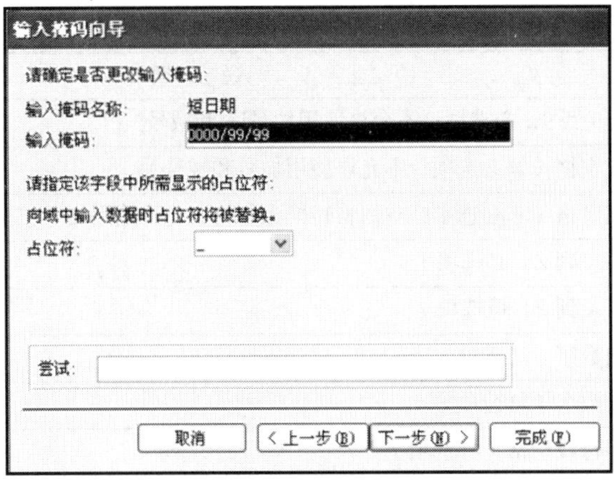

图 2.36　输入掩码向导设置占位符

学生 : 表

| | 学号 | 学生姓名 | 性别 | 出生日期 | 身份证号 |
|---|---|---|---|---|---|
| | 201160151136 | 周伟文 | 男 | 1992-3-9 | 441000199203092948 |
| | 201240281341 | 洪婉君 | 女 | 1994-8-8 | 441522199408080314 |
| | 201120530247 | 朱洁婷 | 女 | 1991-3-5 | 445102199103053625 |
| | 200920530527 | 王斐雯 | 女 | 1990-10-22 | 628102199010221428 |
| | 200910210805 | 陈梦雯 | 女 | 1990-8-5 | 44080319900805132X |
| | 201060150911 | 林馥文 | 男 | 1991-6-5 | 452243199106054061 |
| | 201020530338 | 黄文妮 | 女 | 1992-5-12 | 441702199205124227 |
| | 201120630150 | 吕文碧 | 女 | 1993-11-4 | 441531199311043560 |
| | 201110210404 | 李妮妍 | 女 | 1991-12-6 | 440982199112063448 |
| | 201260150217 | 陈容仕 | 男 | 1992-1-22 | 445122199201225743 |
| | 201020530643 | 张金慧 | 女 | 1991-11-4 | 441802199111044629 |
| | 200960150435 | 吕玉宜 | 男 | 1990-9-25 | 44522119900925476X |
| | 201010210139 | 欧洁敏 | 男 | 1991-10-27 | 441802199110271727 |
| | 201120530417 | 邹海韵 | 男 | 1991-3-26 | 440683199103263211 |
| | 201060151128 | 刘世衡 | 男 | 1990-10-16 | 440507199010160215 |
| ▶ | 2011 | | | __-__-__ | |
| * | | | 女 | | |

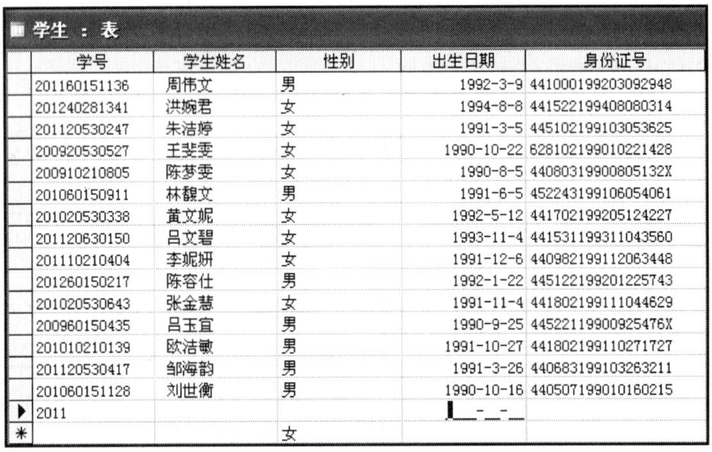

图 2.37　输入掩码向导设置效果

### 7. 必填字段

必填字段属性的取值只有“是”或“否”。当其值取“是”时，表示该字段内容不能为空，必须填写；当其值取“否”时，表示该字段内容可以为空。一般情况下，主键的必填字段属性值设置为“是”，如图 2.38 所示。

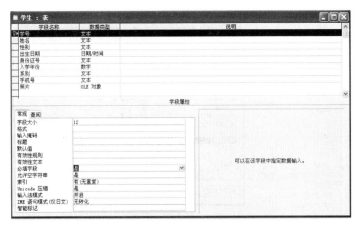

图 2.38　设置必填字段

### 8. 索引

该属性用来确定字段是否作为索引。索引可以加速对记录的查询，还能加速排序和分组操作，唯一索引还可将数据限定为唯一的值，如图 2.39 所示。

"索引"属性有如下 3 种取值。

- 无：表示不在此字段上创建索引（或删除现有索引）。
- 有（有重复）：表示在此字段上创建索引，并且字段中的记录可以重复。
- 有（无重复）：表示在此字段上创建唯一索引，并且字段中的记录不可以重复。

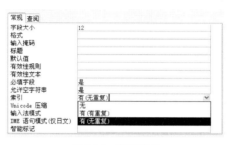

图 2.39　设置索引

### 9. 主关键字

主关键字又称主键，它能唯一标识表中的记录。当输入数据或对数据记录进行修改时，确保主键字段不会重复。Access 使用主键字段将多个表中数据关联起来，并以一种有意义的方式将这些数据组合在一起。主键具有如下特性：它唯一标识每一行；其次，它从不为空或为 Null，即它始终包含一个值；再次，它几乎不改变。在用数据表视图方法创建新表时，Access 自动创建主键，并且指定字段名为"ID"，数据类型为"自动编号"。在某些情况下，可以使用两个或多个字段一起作为表的主键。例如，"报名"表中的主键由字段"学号"和"科目 ID"共同构成，如图 2.40 所示。

图 2.40　设置主键

# 2.2 修改数据表结构

在使用数据库及表的过程中，用户会根据需要对已建好的表结构进行修改。包括修改字段名称、数据类型、字段属性、插入字段、移动字段、复制字段、删除字段等操作。

## 2.2.1 修改字段

对字段的修改一般在设计视图里完成，双击需要修改的字段名称，输入新的字段名，同时对其数据类型和字段属性进行相应的修改，如图 2.41 所示。

## 2.2.2 插入新字段

在设计视图中，将鼠标定位在要添加新字段的位置上，选择"插入"菜单下的"行"或单击鼠标右键，选择"插入行"，并设置该字段属性，如图 2.42 所示。

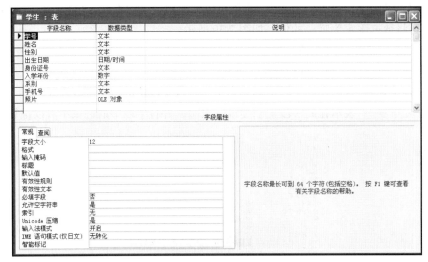

图 2.41　设置主键

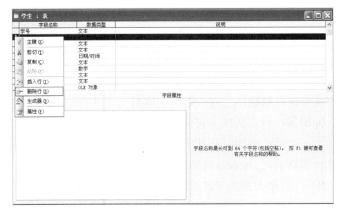

图 2.42　插入新字段

## 2.2.3　移动字段

在设计视图中，将鼠标定位在要移动字段的行选择器上，选中该字段，进行上下移动。如果需要同时移动连续的多个字段，则同时选定这些字段，将其移动到新位置上，如图 2.43 所示。

## 2.2.4　复制字段

通过复制字段，可以简化建立相同或相似字段的操作。选定要复制的字段的记录选择器，选中该行，单击工具栏的"复制"按钮或单击鼠标右键，选中"复制"命令，将鼠标移至复制到的位置，单击"粘贴"即可完成复制。然后对复制的字段进行相应的属性设置，单击"保存"按钮，对修改进行保存，如图 2.44 所示。

## 2.2.5　删除字段

表中若有多余的字段，可以将其删除。如果该字段已经被设为主键，则不能删除。应先取消主键设置，才能删除该字段，如图 2.45 所示。

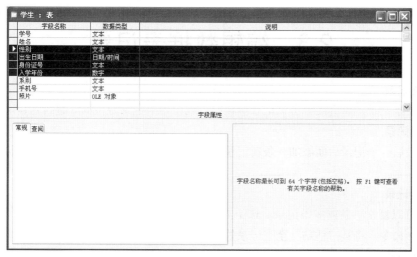

图 2.43  移动字段

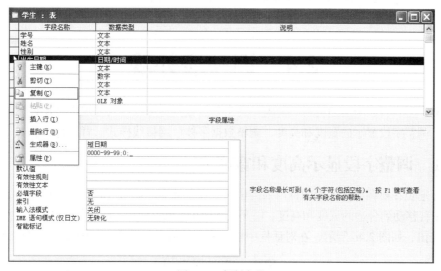

图 2.44  复制字段

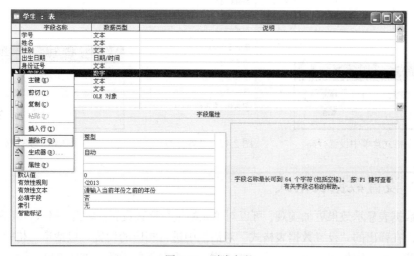

图 2.45  删除字段

# 2.3 编辑数据表记录

### 1. 定位记录

要选择某条记录，可直接单击该记录所在的行或使用"记录定位器"进行定位。

### 2. 添加记录

在表的最后一个记录后面添加一条新记录，可以使用记录定位器的 ▶* 按钮，直接输入数据进行添加。

### 3. 复制记录

在表中可以复制一条或多条记录。选中需要复制的记录的"行选择器"，选择"编辑"菜单下的"复制"命令，将其"粘贴"至空记录处。

### 4. 删除记录

删除一条已经存在的记录，单击需要删除记录的"行选择器"，选择"编辑"菜单下的"删除记录"命令，单击提示信息中的"是"按钮即可。

# 2.4 调整表外观

为了使数据表看起来更加美观、清晰，突出重点数据，可以对其外观进行设置。调整外观的操作包括：调整字段显示的宽度和高度，调整数据字体、网格线样式、背景色等。

## 2.4.1 调整字段显示高度和宽度

将鼠标定位在要调整的字段的行与列的边缘，当鼠标变成双箭头时，按住鼠标左键，拖动鼠标上下、左右移动到合适的宽度和高度，松开鼠标即可。也可使用"格式"菜单下的"行高"、"列宽"命令按钮，如图2.46所示，在对话框中输入相应的值进行设置，如图2.47和图2.48所示。

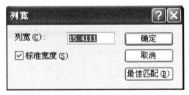

图2.46 在格式菜单中设置行高　　　图2.47 设置行高　　　图2.48 设置列宽

## 2.4.2 设置数据表格式

为了使数据表显示效果更加美观，可以对单元格进行格式设置。单击"格式"菜单，选择"数据表"命令，在弹出的"设置数据表格式"对话框中进行相应的设置。包括单元格效果、网格线显示方式、背景色、网格线颜色、边框和线条样式、方向等的设置，如图2.49所示。

图 2.49　设置数据表格式

### 2.4.3　改变字体显示

如果需要改变数据的字体、字形、字号、颜色，可以单击"格式"菜单下的"字体"命令，在弹出的"字体"对话框中进行相应的设置，如图 2.50 所示。

图 2.50　设置字体

### 2.4.4　显示隐藏冻结列

由于数据表中存放的数据量大，浏览者查看不方便，有时需要将部分暂时不用的数据隐藏起来，等需要时再显示。

在数据表中选中需要隐藏的一列或连续的多列，单击"格式"菜单下的"隐藏列"命令将其隐藏，如图 2.51 所示。若希望再次显示，可以选择"格式"菜单下的"取消隐藏列"命令，选择需要显示的列名，即可再次显示隐藏的列，如图 2.52 所示。

在数据表中，如果字段过多，某些关键字段因水平滚动后无法看见，影响数据的完整查看。因此，如果能固定某些重要的字段在表的最左端，可方便浏览者查看数据。在数据表中选中需要冻结的一列或连续的多列，单击"格式"菜单下的"冻结列"命令将其冻结，如图 2.53 所示。再次水平滚动数据时，这几列固定在表的最左端，如图 2.54 所示。若需要取消冻结，可以选择"格式"菜单下的"取消对所有列的冻结"命令。

图 2.51　隐藏列设置图

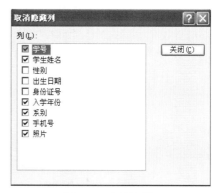

图 2.52　取消隐藏

图 2.53　设置冻结列图

图 2.54　冻结列效果

# 2.5　操　作　表

在海量的数据记录中，要快速查看、修改一个或一系列数据并不是件容易的事。Access 提供了一些功能方便数据的基本操作，如查找、替换、排序、筛选。

## 2.5.1　数据的查找与替换

当需要在数据表中查找某数据或将其替换为其他数据，可以使用"编辑"菜单下的"查找"和"替换"命令，如图 2.55 所示，在"查找和替换"对话框中进行相应的设置，如图 2.56 所示。

## 2.5.2　数据的排序与筛选

在 Access 里，数据按主键的次序显示记录，如果没有主键，则按输入的次序来显示。但为了获得更多的信息量，提高数据查找效率，往往需要对数据按某个字段重新排序。

### 1. 单字段排序

【例 2.5】　将"学生"表按"入学年份"字段升序排列。

（1）打开"学生"表，单击"入学年份"字段，选中该字段所在列，如图 2.57 所示。

（2）单击工具栏上的升序、降序按钮↓↑，或单击"记录"菜单下的"升序排序"、"降序排序"，如图 2.58 所示。

图 2.55　在编辑菜单下查找

图 2.56　"查找和替换"对话框

图 2.57　选中排序列

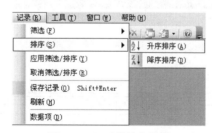

图 2.58　记录菜单中排序

（3）完成排序后，数据表变为新的次序。在保存表的同时保存排列的次序，如图 2.59 所示。

**2．多字段排序**

按照一个字段排序时，可能出现字段值相同的情况，因此需要多字段排序。首先按照第一个字段排序，再按第二个字段排序，依此类推。与单字段排序不同，多字段排序要使用"记录"菜单下的"高级筛选/排序"命令。

【例 2.6】将"学生"表重新排序，按"入学年份"和"性别"字段升序排列。

图 2.59　排序后效果

（1）打开"学生"表，单击"记录"菜单下的"高级筛选/排序"命令，如图 2.60 所示，弹出"筛选"窗口。此窗口分为上下两部分，上半部分显示被打开的表，下半部分为设计网格。

图 2.60　记录菜单中高级筛选

（2）在筛选窗口的上半部分单击学生表中需排序的字段名，将其移至下半部分的设计网格中，或者直接在设计网格的下拉菜单中选择字段名。设置这个字段的排序方式：升序、降序，如图 2.61 所示。

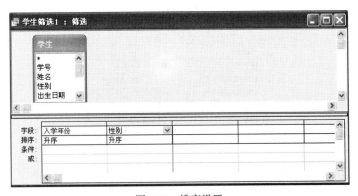

图 2.61　排序设置

（3）单击"记录"菜单中的"应用筛选/排序"按钮，查看结果。

### 3. 按选定内容筛选

使用数据库时，经常需要筛选一部分满足条件的记录进行处理。经过筛选的表只显示满足条件的记录。

【例 2.7】 只显示"学生"表中 "系别"字段为"财政会计系"的数据。

（1）打开"学生"表，单击"系别"字段下的值"财政会计系"。

（2）在"记录"菜单下选择"按选定内容筛选"命令，如图 2.62 所示，即可显示满足条件的记录。结果如图 2.63 所示。

图 2.62　按选定内容筛选

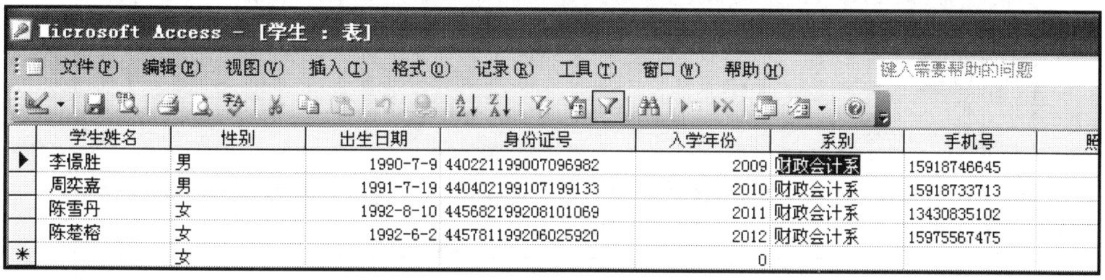

图 2.63　按内容选定筛选结果

### 4．按窗体筛选

【例 2.8】 筛选出"学生"表中"性别"为"女"，入学年份为"2010"年的数据。

（1）在"记录"菜单下选择"按窗体筛选"命令，弹出"按窗体筛选"窗口。

（2）在"性别"字段右侧下拉箭头按钮中选择"女"，在"入学年份"字段右侧下拉箭头按钮中选择"2010"，如图 2.64 所示。

图 2.64　按窗体筛选设置

（3）单击"记录"菜单中的"应用筛选/排序"按钮，筛选出结果，如图 2.65 所示。

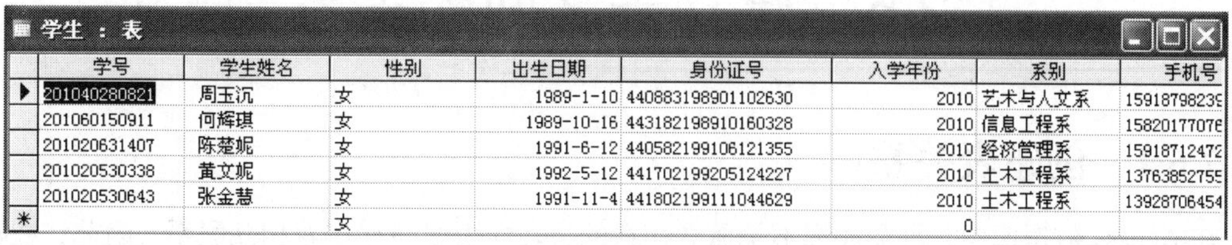

图 2.65　按窗体筛选结果

**5. 按内容排除筛选**

【例 2.9】 在"学生"表中选择"系别"不是"土木工程系"的数据。

（1）打开"学生"表，单击"系别"字段下的值"土木工程系"。

（2）在"记录"菜单下选择"内容排除筛选"命令，即可显示满足条件的记录。

**6. 高级筛选**

高级筛选主要应用于复杂条件的筛选，在筛选窗口中，不仅可以筛选满足复杂条件的记录，还可以对筛选结果进行排序。

【例 2.10】 在"学生"表中选择 1992 年出生，性别为"女"的学生记录，并按照"入学年份"进行升序排列。

（1）打开"学生"表，在"记录"菜单下选择"高级筛选/排序"命令。

（2）在"筛选"窗口中选择"出生日期"字段，在该字段对应的"条件"一栏中输入条件"Between #1992-1-1# And #1992-12-31#"，如图 2.66 所示。

（3）选择"性别"字段，在该字段对应的"条件"一栏中输入"女"。

（4）选择"入学年份"字段，在"排序"一栏中选择"升序"。

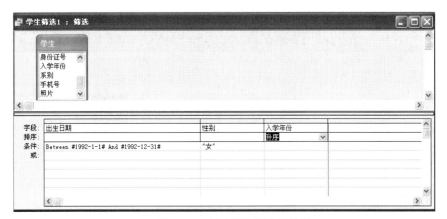

图 2.66 高级筛选中设置排序

（5）单击"记录"菜单中的"应用筛选/排序"命令，查看结果，如图 2.67 所示。

图 2.67 高级筛选结果

# 2.6 建立表之间的关系

## 2.6.1 创建表关系

在 Access 数据库中，每个表都不是孤立存在的，表与表之间存在着相互联系。因此，在建立完表对象后，先判断实体之间的联系，对应着为表建立关系。

【例 2.11】 为"等级考试报名系统"数据库创建表间关系。

（1）确认各表都已经设置了主键，同时关闭了所有的表。

（2）在数据库窗口中选择"工具"菜单中的"关系"命令，如图 2.68 所示，也可以在工具栏中单击"关系"按钮，如图 2.69 所示，进入关系设置窗口。

图 2.68　工具菜单下的关系命令　　　　　图 2.69　工具栏中的关系按钮

（3）单击"显示表"按钮，进入"显示表"对话框，如图 2.70 所示。选中要添加关系的表，单击"添加"按钮。

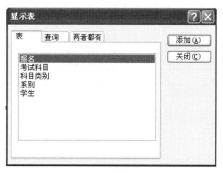

图 2.70　"显示表"对话框

（4）将两表之间的关联字段拖动成连线。弹出"编辑关系"对话框，如图 2.71 所示。选择关联字段，"实施参照完整性"。在连线的两头显示出关系类型的标志。

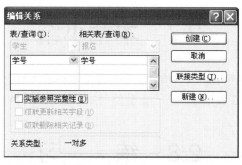

图 2.71　"编辑关系"对话框

（5）建立好表之间的关系，如图 2.72 所示。

（6）如果需要修改表之间的关系，可以右键单击关系线，弹出快捷菜单，如图 2.73 所示。选择"编辑关系"或"删除"即可。

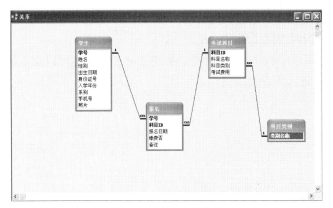

图 2.72 建立表间关系

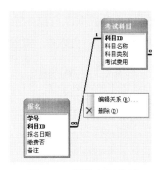

图 2.73 编辑表间关系

### 2.6.2 主表与子表

建立关系后，若是两张表的关系为一对多，Access 会自动在主表中插入子表。主表是一对多关系中的"一"，子表是一对多关系中"多"。例如，"等级考试报名系统"数据库中的"科目类别"与"考试科目"表存在一对多关系，主表是"科目类别"，子表是"考试科目"。打开主表，在每条记录的前面多了一个"+"号，子表处于折叠状态。单击"+"号，可以展开子表，显示子表中的记录，如图 2.74 所示。

| 类别名称 | | | |
|---|---|---|---|
| - 计算机二级 | | | |
| | 科目ID | 科目名称 | 考试费用 |
| | 4 | Access数据库程序设计 | ￥137.00 |
| | 5 | C语言程序设计 | ￥137.00 |
| | 6 | visual Basic | ￥137.00 |
| | 7 | Visual Foxpro数据库程序设计 | ￥137.00 |
| | 8 | C++语言程序设计 | ￥137.00 |
| | 9 | Java语言程序设计 | ￥137.00 |
| | 10 | Delphi语言程序设计 | ￥137.00 |
| + 计算机三级 | | | |
| + 计算机一级 | | | |

图 2.74 在主表中查看子表

# 2.7 本章小结

本章主要介绍了建立数据表的几种方法，还介绍了表的基本概念、基本操作以及表关系的建立。数据表作为 Access 2003 数据库中一个重要的对象，是数据库的基础。

# 2.8 练 习

### 1. 选择题

（1）"教学管理"数据库中有学生表、课程表和选课表，为了有效地反映这 3 张表中数据之间的联系，在创建数据库时应设置（ ）。（2012 年 3 月计算机二级 Access 试题）

    A. 默认值                      B. 有效性规则

    C. 索引                          D. 表之间的关系

（2）如果输入掩码设置为"L"，则在输入数据的时候，该位置上可以接受的合法输入是（     ）。（2012 年 3 月计算机二级 Access 试题）

    A. 必须输入字母或数字             B. 可以输入字母、数字或者空格

    C. 必须输入字母 A～Z              D. 可以输入任何字符

（3）在 Access 数据库中，用来表示实体的是（     ）。（2012 年 3 月计算机二级 Access 试题）

    A. 表                         B. 记录

    C. 字段                        D. 域

（4）可以插入图片的字段类型是（     ）。（2011 年 9 月计算机二级 Access 试题）

    A. 文本                       B. 备注

    C. OLE 对象                 D. 超链接

（5）在 Access 数据库的表设计视图中，不能进行的操作是（     ）。（2012 年 3 月计算机二级 Access 试题）

    A. 修改字段类型                 B. 设置索引

    C. 增加字段                   D. 删除记录

（6）若要求在文本框中输入文本时达到密码"*"的显示效果，则应该设置的属性是（     ）。（2010 年 3 月计算机二级 Access 试题）

    A. 默认值                     B. 有效性文本

    C. 输入掩码                   D. 密码

（7）输入掩码字符"C"的含义是（     ）。（2011 年 9 月计算机二级 Access 试题）

    A. 必须输入字母或数字

    B. 可以选择输入字母或数字

    C. 必须输入一个任意的字符或一个空格

    D. 可以选择输入任意的字符或一个空格

（8）下列关于索引的叙述中，错误的是（     ）。（2012 年 3 月计算机二级 Access 试题）

    A. 可以为所有的数据类型建立索引

    B. 可以提高对表中记录的查询速度

    C. 可以加快对表中记录的排序速度

    D. 可以基于单个字段或多个字段建立索引

（9）在 Access 中，设置为主键的字段（     ）。（2010 年 3 月计算机二级 Access 试题）

    A. 不能设置索引

    B. 可设置为"有(有重复)"索引

    C. 系统自动设置索引

    D. 可设置为"无"索引

（10）输入掩码字符"&"的含义是（     ）。（2010 年 3 月计算机二级 Access 试题）

    A. 必须输入字母或数字

    B. 可以选择输入字母或数字

    C. 必须输入一个任意的字符或一个空格

D. 可以选择输入任意的字符或一个空格

（11）下列对数据输入无法起到约束作用的是（　　　）。（2010 年 3 月计算机二级 Access 试题）

  A. 输入掩码       B. 有效性规则

  C. 字段名称       D. 数据类型

（12）在 Access 中，对表进行"筛选"操作的结果是（　　　）。（2011 年 3 月计算机二级 Access 试题）

  A. 从数据中挑选出满足条件的记录

  B. 从数据中挑选出满足条件的记录并生成一个新表

  C. 从数据中挑选出满足条件的记录并输出到一个报表中

  D. 从数据中挑选出满足条件的记录并显示在一个窗体中

## 2. 填空题

（1）在 Access 数据库中，表是由_____和_____组成。（2011 年 9 月计算机二级 Access 试题）

（2）在学生管理的关系数据库中，存取一个学生信息的数据单位是_____。（2010 年 3 月计算机二级 Access 试题）

（3）在 Access 中，如果不想显示数据表中的某些字段，可以使用的操作命令是_____。（2010 年 3 月计算机二级 Access 试题）

（4）假设学生表已有年级、专业、学号、姓名、性别和生日 6 个属性，其中可以作为主关键字的是_____。（2012 年 3 月计算机二级 Access 试题）

# 第3章
# 查询

数据库中存放着海量数据，如何从中挑选出特定的数据，本章将介绍一个功能强大的工具——查询。查询可以针对一个数据表，也可以同时关联多个数据表来提问，检索出相应的数据。也许在数据表中能通过排序、筛选的办法查找出符合条件的数据，但是很多时候需要从多个表中查找数据，并且对数据进行计算，简单的排序、筛选是无法完成的。

## 3.1　查询的功能与类型

### 3.1.1　查询的定义

查询是满足用户条件的动态数据集合，查询本身不保存任何数据，其数据源来自于一张或多张数据表。

### 3.1.2　查询的视图

查询提供了 5 种视图，如图 3.1 所示，分别是设计视图、数据表视图、SQL 视图、数据透视表视图和数据透视图视图。

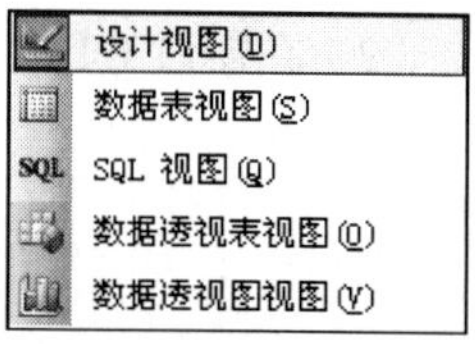

#### 1. 设计视图

使用查询设计器来设计查询窗口，可以创建结构复杂、功能强大的查询。

图 3.1　查询的视图

#### 2. 数据表视图

以行和列的格式显示查询中数据的窗口，在该视图中可以添加、删除、编辑、查找数据。

#### 3. SQL 视图

使用 SQL 语句建立查询，在该视图中查看、修改、编辑 SQL 语句。

#### 4. 数据透视表视图

数据透视表是一种交互式表，可以快速合并和比较大量数据。可以显示行和列的数据明细，分析相关汇总值。

#### 5. 数据透视图视图

显示系列和类别区域的数据汇总和摘要。

### 3.1.3 查询的类型及其功能

#### 1．选择查询

选择查询是按照一定的规则从一个或多个表或其他查询中查找记录。选择查询还可以对查询结果排序显示、分组、汇总。

#### 2．参数查询

为了增加查询的灵活性，在查询中设置参数作为变量，通过给对话框的参数赋值作为查询条件，检索相关的记录。

#### 3．交叉表查询

为了方便分析数据，只显示关注的字段，在行与列的交叉单元格中显示简单汇总的结果。

#### 4．操作查询

操作查询是一个在查询中更改多条记录的查询，分为生成表查询、更新查询、追加查询、删除查询。

#### 5．SQL 查询

使用 SQL 语句来查询、更新、管理数据库。其实，在设计视图中创建的查询，系统都为其建立了一个等效的 SQL 语句。

# 3.2　选择查询

## 3.2.1　创建选择查询的几种方法

#### 1．使用向导创建选择查询

【例 3.1】 创建一个 "学生简要信息" 查询。在 "学生" 表中只显示 "学号"、"姓名"、"性别"、"入学年份" 4 个字段。

（1）打开 "等级考试报名系统" 数据库，单击查询对象。

（2）在窗口工具栏中单击 "新建" 按钮，选择 "简单查询向导"，如图 3.2 所示。

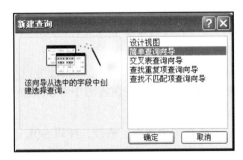

图 3.2 "新建查询" 对话框

（3）选择数据源 "表：学生"，在可用字段中选择需要显示的字段，如图 3.3 所示。

（4）单击 "下一步" 按钮，输入查询名称 "学生简要信息"，完成操作。

在 "新建查询" 对话框中，除了简单查询向导外，还有另外两个常用的向导：查找重复项查

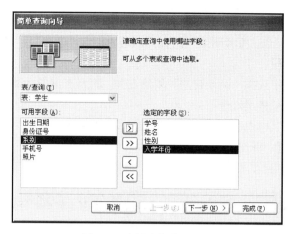

图 3.3　选择查询字段

询向导和查找不匹配项查询向导，如图 3.2 所示。查找重复项查询向导主要用于查找表中与某个字段的值相同的记录；查找不匹配项查询向导用于查找两表之间不相关的记录，即在两个相关联的表中查找某个表中有，另一个表中无的记录。这两个向导的创建方式与简单查询向导类似，不再赘述。

## 2. 使用设计视图创建选择查询

使用设计视图创建查询，即使用查询设计器。新建查询如图 3.2 所示，在"新建查询"对话框中选择"设计视图"。在"显示表"对话框中添加查询用到的相关的表，如图 3.4 所示，单击"添加"按钮。在查询设计器中添加查询所需的字段、字段的数据源、排列顺序和条件等，如图 3.5 所示。

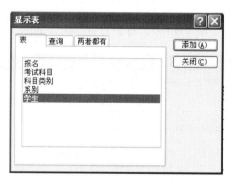

图 3.4　选择查询字段

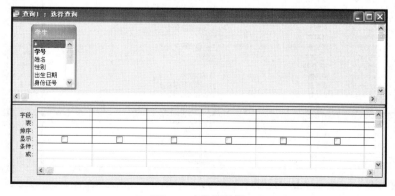

图 3.5　查询设计器

> 无条件的选择查询

【例 3.2】 创建一个"报考明细"的查询。结果包含"学号"、"姓名"、"科目 ID"、"科目名称"、"考试费用"字段。

（1）在新建查询中选择"设计视图"创建查询，打开查询设计器。在"显示表"对话框中添加"学生"、"报名"、"考试科目"3 张表。

（2）在字段下拉菜单中选择该查询包含的字段及其数据源。"学号"、"姓名"来源于"学生"表；"科目 ID"来源于"报名"表；"科目名称"、"考试费用"来源于"考试科目"表。其他保留默认设置，如图 3.6 所示。

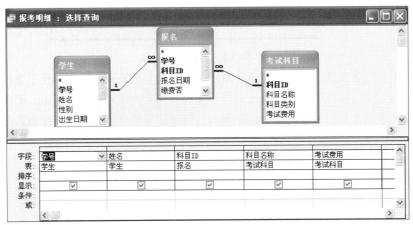

图 3.6　添加字段后的设计视图

（3）保存该查询，命名为"报考明细"。查看查询结果，如图 3.7 所示。

| 学号 | 学生姓名 | 科目ID | 科目名称 | 考试费用 |
|---|---|---|---|---|
| 200930351201 | 李镜胜 | 4 | Access数据库程序设计 | ¥137.00 |
| 201010220104 | 陈凯 | 5 | C语言程序设计 | ¥137.00 |
| 201030340803 | 周奕嘉 | 4 | Access数据库程序设计 | ¥137.00 |
| 201140270205 | 王文芬 | 5 | C语言程序设计 | ¥137.00 |
| 200920630805 | 陈顺 | 6 | visual Basic | ¥137.00 |
| 201040280821 | 周玉沉 | 2 | WPS Office | ¥137.00 |
| 201230351342 | 陈楚榕 | 4 | Access数据库程序设计 | ¥137.00 |
| 201120630910 | 何伟龙 | 7 | Visual Foxpro数据库程序设计 | ¥137.00 |
| 201060150911 | 何辉琪 | 12 | 信息管理技术 | ¥137.00 |
| 201210210912 | 黄雁彬 | 1 | MS Office | ¥137.00 |
| 201220531731 | 区桃 | 11 | PC技术 | ¥137.00 |
| 200940271033 | 李新发 | 1 | MS Office | ¥137.00 |
| 201020631407 | 陈楚妮 | 8 | C++语言程序设计 | ¥137.00 |
| 201130340318 | 陈雪丹 | 4 | Access数据库程序设计 | ¥137.00 |
| 201110221450 | 高岸 | 3 | B | ¥137.00 |
| 201160151136 | 周伟文 | 10 | Delphi语程序设计 | ¥137.00 |
| 201240281341 | 洪婉君 | 2 | WPS Office | ¥137.00 |
| 201120530247 | 朱洁婷 | 9 | Java语言程序设计 | ¥137.00 |
| 200920530527 | 王斐雯 | 11 | PC技术 | ¥137.00 |
| 200910210805 | 陈梦雯 | 3 | B | ¥137.00 |
| 201060150911 | 何辉琪 | 13 | 数据库技术 | ¥137.00 |
| 201020530338 | 黄文妮 | 9 | Java语言程序设计 | ¥137.00 |
| 201120630150 | 吕文翟 | 6 | visual Basic | ¥137.00 |
| 201110210404 | 李妮妍 | 2 | WPS Office | ¥137.00 |
| 201260150217 | 陈容仕 | 10 | Delphi语言程序设计 | ¥137.00 |
| 201020530643 | 张金慧 | 12 | 信息管理技术 | ¥137.00 |
| 200960150435 | 吕玉宜 | 8 | C++语言程序设计 | ¥137.00 |
| 201010210139 | 欧洁敏 | 2 | WPS Office | ¥137.00 |
| 201120530417 | 邹海韵 | 12 | 信息管理技术 | ¥137.00 |
| 201060151128 | 刘世衡 | 14 | 网络技术 | ¥137.00 |

图 3.7　报考明细查询结果

➢ 有条件的选择查询

若需对查询结果进一步细化，往往需要给查询设定条件，即查询准则。查询准则一般分为常量、表达式和函数 3 种。

**常量：** 文本常量需要用双引号括起来，如 "男"；日期常量用符号 "#" 括起来，如#2012-1-1#；逻辑常量用 True、False 表示。

**表达式：** 在查询中，任何用到列名的地方都可以使用表达式。表达式可以用作计算显示值、搜索条件的一部分或合并数据列的内容。可以使用运算符来构造查询的表达式。

算术运算符：+、-、*、/

逻辑运算符：and、or、not

关系运算符：=、<>、<、>、<=、>=

Between…and、In 和 Like 运算符

**函数：** 部分条件设置需要借助一些特殊运算才能完成，因此在 Access 中引入函数。函数是由函数名和参数构成，书写中函数名后要紧接一对小括号，如 Day（）。函数的参数可以是一个表达式，也可以是另一个函数，如 Year（Date（））。Access 中一些比较常用的函数见表 3.1。

表 3.1                       常用函数

| 函 数 | 功 能 |
| --- | --- |
| Count（字符表达式） | 返回字符表达式中值的个数 |
| Min（字符表达式） | 返回查询指定字段内的一组值中的最小值 |
| Max（字符表达式） | 返回查询指定字段内的一组值中的最大值 |
| Avg（字符表达式） | 返回查询指定字段内的一组值中的平均值 |
| Sum（字符表达式） | 返回查询指定字段内的一组值中的总和 |
| Day（日期） | 返回指定日期中的日取值介于 1～31 |
| Month（日期） | 返回指定日期中的月份，取值介于 1～12 |
| Year（日期） | 返回指定日期中的年份，取值介于 100-9999 |
| Date() | 返回当前系统的日期 |
| Now() | 返回当前系统日期的时间 |
| Len（字符表达式） | 返回字符表达式的字符个数 |
| Right（string，length） | 返回从字符串右侧起的指定数量的字符 |
| Left（string，length） | 返回从字符串左侧起的指定数量的字符 |
| Iff（判断式，为真的值，为假的值） | 以判断为准，在其值结果为真或假时，返回不同的值 |

• 文本型字段的条件输入

**【例 3.3】** 创建一个查询，查找 "学生" 表中系别为 "外国语系" 的学生信息，结果保存为 "外国语系学生"。

（1）使用设计视图新建查询，在 "显示表" 对话框中添加 "学生" 表，打开查询设计器。

（2）在字段下拉菜单中选择 "*"，即包含 "学生" 表中所有字段。

（3）选择 "系别" 字段，设置条件为 "外国语系"，如图 3.8 所示，不显示该字段。

（4）保存该查询为 "外国语系学生"。

（5）查询结果如图 3.9 所示。

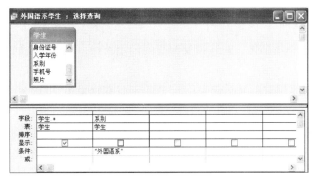

图 3.8　输入查询条件

| 学号 | 学生姓名 | 性别 | 出生日期 | 身份证号 | 入学年 | 系别 | 手机号 | 照片 |
|---|---|---|---|---|---|---|---|---|
| 201010220104 | 陈凯 | 男 | 1990-5-30 | 445301199005301714 | 2010 | 外国语系 | 13433964218 | |
| 201210210912 | 黄雁彤 | 女 | 1993-1-6 | 441622199301062583 | 2012 | 外国语系 | 15918792291 | |
| 201110221450 | 高岸 | 男 | 1992-11-9 | 44290019921109876X | 2011 | 外国语系 | 15918722795 | |
| 201110210404 | 李婉妍 | 女 | 1991-12-6 | 440982199112063448 | 2011 | 外国语系 | 13422635346 | |
| 201010210139 | 欧洁敏 | 男 | 1991-10-27 | 441802199110271727 | 2010 | 外国语系 | 13824743423 | |
| 200910210805 | 陈梦雯 | 女 | 1990-8-5 | 44080319900805132X | 2009 | 外国语系 | 15918739318 | |
| * | | 女 | | | 0 | | | |

记录: 1　共有记录数: 6

图 3.9　外国语系学生查询结果

【例 3.4】　创建一个查询，查找"学生"表中"陈"姓的学生信息，结果保存为"陈姓学生"。

（1）使用设计视图新建查询，在"显示表"对话框中添加"学生"表，打开查询设计器。

（2）在字段下拉菜单中选择"*"，即包含"学生"表中所有字段。

（3）选择"姓名"字段，设置条件为 Like"陈*"，如图 3.10 所示，不显示该字段。

（4）保存该查询为"陈姓学生"。

（5）查询结果如图 3.11 所示。

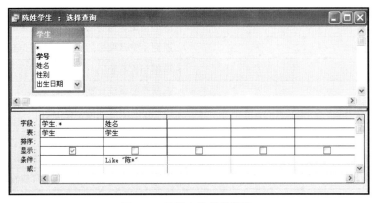

图 3.10　陈姓查询条件设置

| 学号 | 学生姓名 | 性别 | 出生日期 | 身份证号 | 入学年份 | 系别 | 手机号 |
|---|---|---|---|---|---|---|---|
| 201010220104 | 陈凯 | 男 | 1990-5-30 | 445301199005301714 | 2010 | 外国语系 | 13433964218 |
| 200920630805 | 陈顺 | 男 | 1991-5-27 | 440102199105276221 | 2009 | 经济管理系 | 13664745338 |
| 201230351342 | 陈菱榕 | 女 | 1992-6-2 | 445781199206025920 | 2012 | 财政会计系 | 15975567475 |
| 201020631407 | 陈菱妮 | 女 | 1991-6-12 | 440582199106121355 | 2010 | 经济管理系 | 15918712472 |
| 201130340318 | 陈雪丹 | 女 | 1992-8-10 | 445682199208101069 | 2011 | 财政会计系 | 13430835102 |
| 201260150217 | 陈容仕 | 男 | 1992-1-22 | 445122199201225743 | 2012 | 信息工程系 | 15915602474 |
| * | | 女 | | | 0 | | |

记录: 1　共有记录数: 6

图 3.11　陈姓学生查询结果

【例 3.5】 创建一个查询，查找"学生"表中姓名的第 2 个字是"玉"的学生信息，显示"学号"、"姓名"、"性别"、"入学年份"，结果保存为"特殊名字的学生"。

（1）使用设计视图新建查询，在"显示表"对话框中添加"学生"表，打开查询设计器。

（2）在字段下拉菜单中选择"学号"、"姓名"、"性别"、"入学年份"字段，设置为显示。

（3）在"姓名"字段的条件栏中设置 Like"?玉*"，如图 3.12 所示。

（4）保存该查询为"特殊名字的学生"。

（5）查询结果如图 3.13 所示。

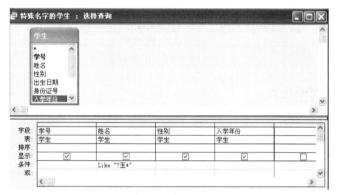

图 3.12　特殊名字查询条件设置

图 3.13　特殊名字学生查询结果

- 数字型字段的条件输入

【例 3.6】 创建一个查询，查找"学生"表中入学年份在 2010 年之后的学生信息，显示"学号"、"姓名"、"性别"、"入学年份"，结果保存为"低年级学生"。

（1）使用设计视图新建查询，在"显示表"对话框中添加"学生"表，打开查询设计器。

（2）在字段下拉菜单中选择"学号"、"姓名"、"性别"、"入学年份"字段，设置为显示。

（3）在"入学年份"字段的条件栏中设置">2010"，如图 3.14 所示。

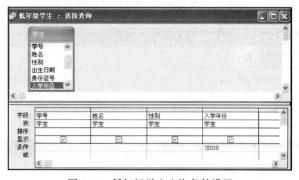

图 3.14　低年级学生查询条件设置

（4）保存该查询为"低年级学生"。

（5）查询结果如图 3.15 所示。

图 3.15　低年级学生查询结果

- 日期型字段的条件输入

【例 3.7】 创建一个查询，查找"学生"表中 1989～1990 年出生的学生信息，显示"学号"、"姓名"、"性别"、"出生日期"，结果保存为"89 至 90 年出生的学生"。

（1）使用设计视图新建查询，在"显示表"对话框中添加"学生"表，打开查询设计器。

（2）在字段下拉菜单中选择"学号"、"姓名"、"性别"、"出生日期"字段，设置为显示。

（3）在"出生日期"字段的条件栏中设置"Between #1989-1-1# And #1990-12-31#"，如图 3.16 所示，也可使用 Year（）函数进行设置："Year([出生日期])>=1989 And Year([出生日期])<=1990"，如图 3.17 所示。

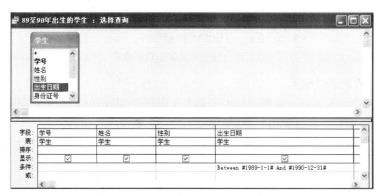

图 3.16　89 至 90 年出生的学生查询设置

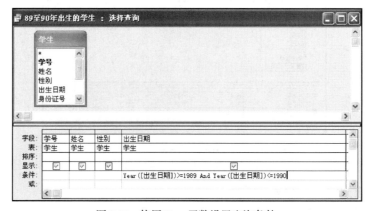

图 3.17　使用 Year 函数设置查询条件

（4）保存该查询为“89 至 90 年出生的学生”。

（5）查询结果如图 3.18 所示。

| 学号 | 学生姓名 | 性别 | 出生日期 |
|---|---|---|---|
| 200930351201 | 李憬胜 | 男 | 1990-7-9 |
| 201010220104 | 陈凯 | 男 | 1990-5-30 |
| 201040280821 | 周玉沉 | 女 | 1989-1-10 |
| 201060150911 | 何辉琪 | 女 | 1989-10-16 |
| 200940271033 | 李新发 | 男 | 1989-7-10 |
| 200920530527 | 王斐雯 | 女 | 1990-10-22 |
| 200960150435 | 吕玉宜 | 男 | 1990-9-25 |
| 201060151128 | 刘世衡 | 男 | 1990-10-16 |
| 200910210805 | 陈梦雯 | 女 | 1990-8-5 |
| * | | 女 | |

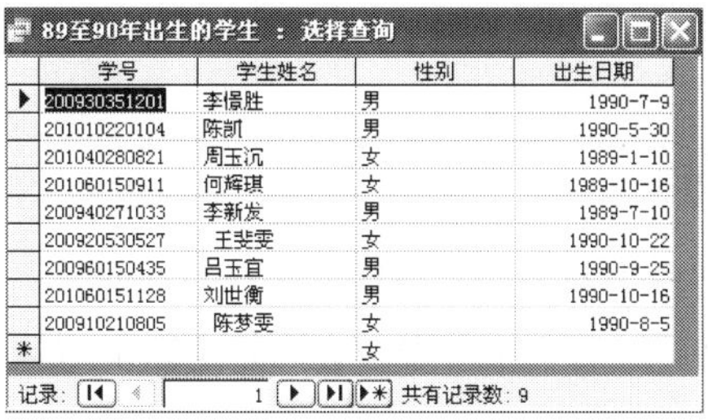

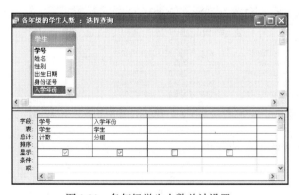

图 3.18　1989 至 1990 年出生的学生查询结果

## 3.2.2　查询的计算

### 1. 查询计算功能

查询最突出的特色就是对符合条件的记录进行分析，即可对数据分组统计。单击工具栏的总计按钮Σ后，在设计视图中会对应出现总计栏，在其下拉菜单中选择相应的统计项目，如图 3.19 所示。

图 3.19　总计项

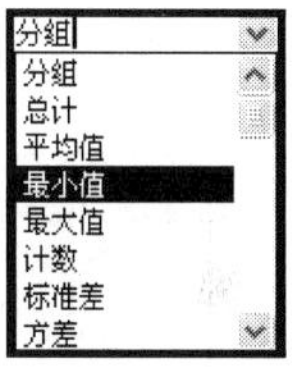

### 2. 总计项应用实例

【例 3.8】创建一个查询，统计“学生”表各个年级的学生人数，显示“学号”和“入学年份”，结果保存为“各年级的学生人数”。

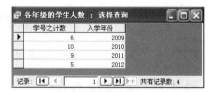

（1）使用设计视图新建查询，在“显示表”对话框中添加“学生”表，打开查询设计器。

（2）在“字段”下拉菜单中选择“学号”和“入学年份”字段，设置为显示。

（3）单击工具栏的总计按钮Σ，在设计视图中出现总计栏。在“学号”的总计栏中的下拉菜单中选择“计数”，在“入学年份”的总计栏的下拉菜单中选择“分组”，如图 3.20 所示。

（4）保存该查询为“各年级的学生人数”。

（5）查询结果如图 3.21 所示。

图 3.20　各年级学生人数总计设置

| 学号之计数 | 入学年份 |
|---|---|
| 6 | 2009 |
| 10 | 2010 |
| 9 | 2011 |
| 5 | 2012 |

图 3.21　各年级学生人数总计结果

# 3.3　参数查询

参数查询即利用对话框，提示用户输入参数值，检索出符合所输入参数的记录。用户可以建立一个参数提示的单参数查询，也可以建立多个参数提示的多参数查询。参数查询比选择查询灵活，即把选择查询中的常量改为变量，在保持查询结构不变的基础上，根据输入参数值的变化，得到不同的结果。

参数的格式：[变量名]

## 3.3.1 单参数查询

单参数查询，即在某一字段中制定一个条件为参数的查询。

【例 3.9】创建一个查询，在“学生”表中查询某个系别的学生信息，结果保存为“按系别查询”。

（1）使用设计视图新建查询，在“显示表”对话框中添加“学生”表，打开查询设计器。

（2）在字段下拉菜单中选择“*”，即包含“学生”表中所有字段。

（3）选择“系别”字段，设置条件为“[请输入查询的系别]”，如图 3.22 所示，不显示该字段。

（4）保存该查询为“按系别查询”。

（5）打开该查询，输入系别“外国语系”，如图 3.23 所示，查询结果如图 3.24 所示。

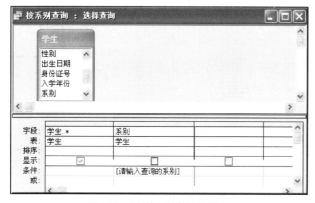

图 3.22　系别查询参数设置

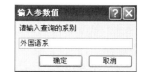

图 3.23　系别查询输入参数对话框

按系别查询 ： 选择查询

| 学号 | 学生姓名 | 性别 | 出生日期 | 身份证号 | 入学年份 | 系别 | 手机号 | 照片 |
|---|---|---|---|---|---|---|---|---|
| 201010220104 | 陈凯 | 男 | 1990-5-30 | 445301199005301714 | 2010 | 外国语系 | 13433964218 | |
| 201210210912 | 黄雁彬 | 女 | 1993-1-6 | 441622199301062583 | 2012 | 外国语系 | 15918792291 | |
| 201110221450 | 高岸 | 男 | 1992-11-9 | 44290019921109876X | 2011 | 外国语系 | 15918722795 | |
| 201110210404 | 李妮妍 | 女 | 1991-12-6 | 440982199112063448 | 2011 | 外国语系 | 13422635346 | |
| 201010210139 | 欧洁敏 | 男 | 1991-10-27 | 441802199110271727 | 2010 | 外国语系 | 13824743423 | |
| 200910210805 | 陈梦雯 | 女 | 1990-8-5 | 44080319900805132X | 2009 | 外国语系 | 15918739318 | |
| | | 女 | | | 0 | | | |

记录：1 共有记录数：6

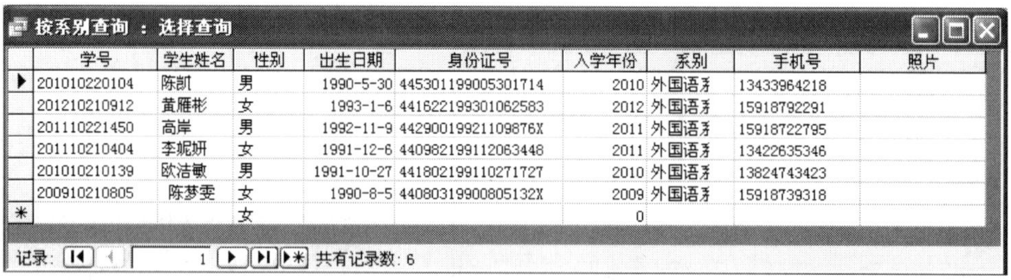

图 3.24　按系别查询的结果

## 3.3.2 多参数查询

【例 3.10】创建一个查询，通过输入“系别”和“入学年份”查询“学生”表的学生信息，结果保存为“按系别入学年份查询”。

（1）使用设计视图新建查询，在“显示表”对话框中添加“学生”表，打开查询设计器。

（2）在字段下拉菜单中选择“*”，即包含“学生”表中所有字段。

（3）选择“系别”和“入学年份”字段，分别设置条件为“[请输入查询的系别]”、“[请输入查询的入学年份]",如图 3.25 所示,不显示该字段。

(4)保存该查询为"按系别入学年份查询"。

(5)打开该查询,输入系别"艺术与人文系",入学年份"2010",如图 3.26 所示,查询结果如图 3.27 所示。

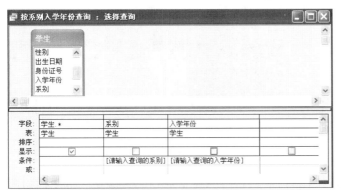

图 3.25　按系别和入学年份参数查询条件设置图

图 3.26　按系别和入学年份查询
输入参数

图 3.27　按系别和入学年份参数查询结果

# 3.4　交叉表查询

## 3.4.1　交叉表查询的作用

交叉表查询显示来源于表(或查询)中某个字段的总计值,即简单合计、平均值等计算。从表或查询中选出两个字段,分别作为行标题和列标题,再选出一个字段放在行与列的交叉处作为统计字段,为该查询设置相应的统计项目。

## 3.4.2　创建交叉表查询的方法

### 1．使用向导创建交叉表查询

【例 3.11】　创建一个交叉表查询,统计"学生"表中不同系别、不同年级的学生人数,结果保存为"不同系别年级学生人数"。

(1)在"新建查询"对话框中选择"交叉表查询向导",如图 3.28 所示,打开该向导。

(2)在弹出的对话框中选择此查询的数据源:表或查询。在此处选择"学生"表,如图 3.29 所示。

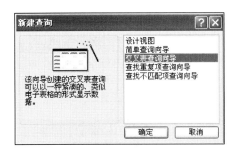

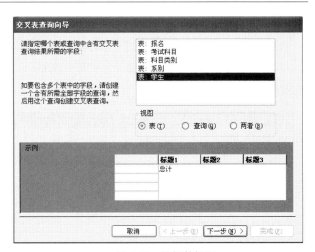

图 3.28　交叉表查询向导　　　　　　　　　　　图 3.29　选择数据源

（3）选择"系别"作为行标题，如图 3.30 所示，选择"入学年份"作为列标题，如图 3.31 所示。

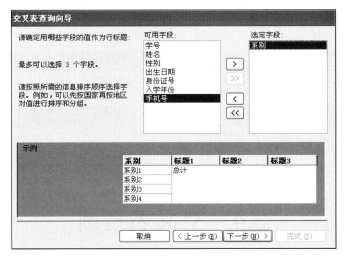

图 3.30　选择行标题字段

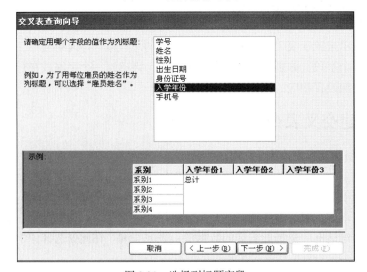

图 3.31　选择列标题字段

（4）确定交叉点处的字段，同时选择统计函数的类型，如图 3.32 所示。

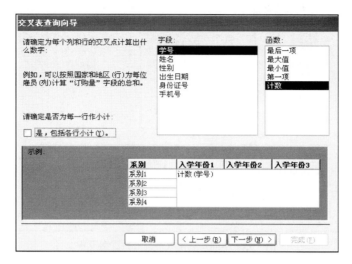

图 3.32　选择交叉处字段和函数

（5）保存该查询为"不同系别年级学生人数"。

（6）打开该查询，查询结果如图 3.33 所示。

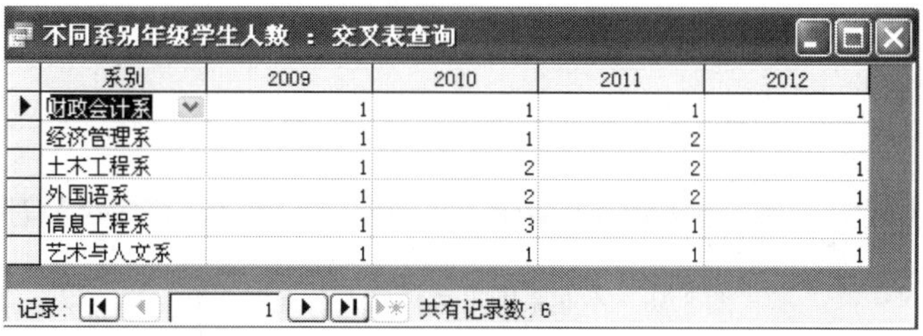

图 3.33　交叉表查询结果

### 2. 使用设计视图创建交叉表查询

【例 3.12】 创建一个交叉表查询，统计不同系别的学生报考不同考试科目的人数。结果保存为"不同系别报考科目人数"。

（1）在"新建查询"对话框中选择"设计视图"。

（2）在弹出的"显示表"对话框中选择此查询的数据源："报考明细"查询和"学生"表。

（3）单击工具栏中的"查询类型"按钮 ，在弹出的下拉菜单中选择"交叉表查询"，如图 3.34 所示。

图 3.34　选择查询类型

（4）选择"科目名称"作为行标题，总计项一栏中选择"分组"；选择"系别"作为列标题，总计项一栏中选择"分组"；选择"学号"作为行与列交叉处的统计字段，总计项一栏中选择"计数"；如图 3.35 所示。

（5）保存该查询为"不同系别报考科目人数"。

（6）打开该查询，查询结果如图 3.36 所示。

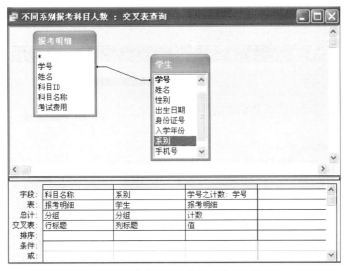

图 3.35　不同系别报考科目人数查询设置

| 科目名称 | 财政会计系 | 经济管理系 | 土木工程系 | 外国语系 | 信息工程系 | 艺术与人文系 |
|---|---|---|---|---|---|---|
| Access数据库程序设计 | 4 | | | | | |
| B | | | | | 2 | |
| C++语言程序设计 | | 1 | | | 1 | |
| C语言程序设计 | | | | | 1 | 1 |
| Delphi语言程序设计 | | | | | 2 | |
| Java语言程序设计 | | | 2 | | | |
| MS Office | | | | | 1 | 1 |
| PC技术 | | | 2 | | | |
| visual Basic | | 2 | | | | |
| Visual Foxpro数据库程序设计 | | 1 | | | | |
| WPS Office | | | | | 2 | 2 |
| 数据库技术 | | | | | 1 | |
| 网络技术 | | | | | 1 | |
| 信息管理技术 | | | 2 | | 1 | |

记录: ◄◄　◄　　1　►　►►　＊　共有记录数: 14

图 3.36　不同系别报考科目人数查询结果

# 3.5　操作查询

前面介绍的几种查询方法都是在原有数据源基础上对特定数据进行查看，没有改变数据源中的数据。如果需要对数据源的数据进行动态的、批量的修改，就需要使用操作查询。根据不同的功能，可将操作查询分为以下 4 种：生成表查询、更新查询、追加查询、删除查询。

这 4 种查询有以下几个共同特征。

（1）一个操作查询可以同时修改多条记录。

（2）不能直接在查询的数据视图中查看到结果，必须到被操作的数据源表对象中查看结果。

（3）执行查询后，数据是不可恢复的，所以应在操作前对数据源进行备份，以免某些错误操作导致数据表中的数据出错。

## 3.5.1　生成表查询

生成表查询是将查询结果作为一张新表保存到表对象中，即将查询生成的动态数据集以表的形式保存下来。

【**例 3.13**】 创建一个生成表查询，统计报考的缴费情况。结果中包含"学号"、"姓名"、"科目名称"、"缴费否"4 个字段，结果保存为"缴费情况"。

（1）在"新建查询"对话框中选择"设计视图"。

（2）在弹出的"显示表"对话框中选择此查询的数据源："学生"表、"报名"表和"考试科目"表。

（3）单击工具栏中的"查询类型"按钮 ▣·，在弹出的下拉菜单中选择"生成表查询"。在"生成表"对话框中输入新生成表的名称"缴费明细"，如图 3.37 所示。

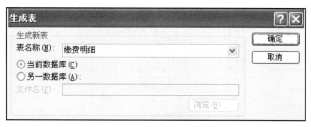

图 3.37　新生成表的表名

（4）选择"学生"表中的"学号"和"姓名"字段；"考试科目"表中的"科目名称"字段；"报名"表中的"缴费否"字段，如图 3.38 所示。

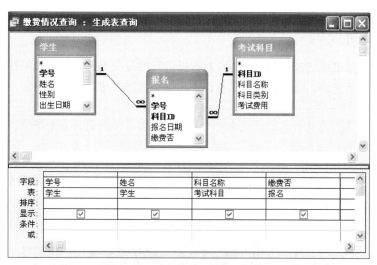

图 3.38　缴费情况生成表查询设置

（5）保存该查询为"缴费情况"。

（6）选择工具栏中的"运行"按钮 ! 运行该查询，弹出提示框，如图 3.39 所示，选择"是"。

图 3.39　操作查询的提示框

（7）到表对象中找新生成的表"缴费情况"，查看结果，如图 3.40 所示。

图 3.40  生成表查询结果

## 3.5.2  更新查询

在维护和修改数据库的过程中，会遇到对数据进行批量变更的情况，如果逐条修改，就可能效率低下。使用更新查询，能实现在一个查询中根据条件更改多条记录的功能。

更新查询一次只能更新一个字段的内容，若要更新多个字段，可以设计多个更新查询。

【例 3.14】创建一个更新查询，将"考试科目"表中"考试费用"的字段值提高 10 元。结果保存为"考试费用更新查询"。

（1）在表对象中备份"考试科目"表，如图 3.41 所示。

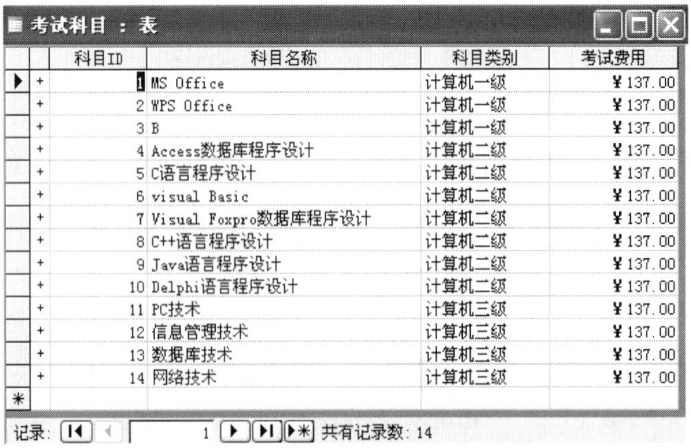

| | | 科目ID | 科目名称 | 科目类别 | 考试费用 |
|---|---|---|---|---|---|
| ▶ | + | 1 | MS Office | 计算机一级 | ￥137.00 |
| | + | 2 | WPS Office | 计算机一级 | ￥137.00 |
| | + | 3 | B | 计算机一级 | ￥137.00 |
| | + | 4 | Access数据库程序设计 | 计算机二级 | ￥137.00 |
| | + | 5 | C语言程序设计 | 计算机二级 | ￥137.00 |
| | + | 6 | visual Basic | 计算机二级 | ￥137.00 |
| | + | 7 | Visual Foxpro数据库程序设计 | 计算机二级 | ￥137.00 |
| | + | 8 | C++语言程序设计 | 计算机二级 | ￥137.00 |
| | + | 9 | Java语言程序设计 | 计算机二级 | ￥137.00 |
| | + | 10 | Delphi语言程序设计 | 计算机二级 | ￥137.00 |
| | + | 11 | PC技术 | 计算机三级 | ￥137.00 |
| | + | 12 | 信息管理技术 | 计算机三级 | ￥137.00 |
| | + | 13 | 数据库技术 | 计算机三级 | ￥137.00 |
| | + | 14 | 网络技术 | 计算机三级 | ￥137.00 |

记录：1  共有记录数：14

图 3.41  更新操作前表中数据

（2）在"新建查询"对话框中选择"设计视图"。

（3）在弹出的"显示表"对话框中选择此查询的数据源："考试科目"表。

（4）单击工具栏中的"查询类型"按钮 ，在弹出的下拉菜单中选择"更新查询"。

（5）选择"考试科目"表中的"考试费用"字段，在"更新到"一栏中输入"[考试费用]+10"，如图 3.42 所示。

（6）保存该查询为"考试费用更新查询"。

（7）选择工具栏中的"运行"按钮 ，运行该查询，弹出提示框，如图 3.43 所示，选择"是"。

图 3.42　更新考试费用字段值

图 3.43　更新查询提示框

（8）到表对象中打开"考试科目"表，查看更新结果，如图 3.44 所示。

| | 科目ID | 科目名称 | 科目类别 | 考试费用 |
|---|---|---|---|---|
| + | 1 | MS Office | 计算机一级 | ¥147.00 |
| + | 2 | WPS Office | 计算机一级 | ¥147.00 |
| + | 3 | B | 计算机一级 | ¥147.00 |
| + | 4 | Access数据库程序设计 | 计算机二级 | ¥147.00 |
| + | 5 | C语言程序设计 | 计算机二级 | ¥147.00 |
| + | 6 | visual Basic | 计算机二级 | ¥147.00 |
| + | 7 | Visual Foxpro数据库程序设计 | 计算机二级 | ¥147.00 |
| + | 8 | C++语言程序设计 | 计算机二级 | ¥147.00 |
| + | 9 | Java语言程序设计 | 计算机二级 | ¥147.00 |
| + | 10 | Delphi语言程序设计 | 计算机二级 | ¥147.00 |
| + | 11 | PC技术 | 计算机三级 | ¥147.00 |
| + | 12 | 信息管理技术 | 计算机三级 | ¥147.00 |
| + | 13 | 数据库技术 | 计算机三级 | ¥147.00 |
| + | 14 | 网络技术 | 计算机三级 | ¥147.00 |

记录： 1 共有记录数: 14

图 3.44　更新考试费用结果

### 3.5.3　删除查询

在数据库维护中，需要对一些没用或者过期的数据进行删除，以释放存储空间。如果数据量较大，要删除的记录较多，可以使用删除查询批量地删除数据。

【例 3.15】　创建一个删除查询，将"缴费情况"表中未缴费的记录删除，结果保存为"删除未缴费记录"。

（1）在表对象中备份"缴费情况"表，如图 3.45 所示。

图 3.45　删除查询前的缴费情况

（2）在"新建查询"对话框中选择"设计视图"。

（3）在弹出的"显示表"对话框中选择此查询的数据源："缴费情况"表。

（4）单击工具栏中的"查询类型"按钮 ▣ ▾，在弹出的下拉菜单中选择"删除查询"。

（5）选择"缴费情况"表中的"缴费否"字段，在"删除"一栏选择"Where"；在"条件"
一栏输入"0"，如图 3.46 所示。

图 3.46　删除未缴费记录条件设置

（6）保存该查询为"删除未缴费记录"。

（7）选择工具栏中的"运行"按钮 ❗，运行该查询，弹出提示框，如图 3.47 所示，选择"是"。

图 3.47　删除查询提示框

（8）到表对象中打开“缴费情况”表，查看更新结果，如图 3.48 所示。

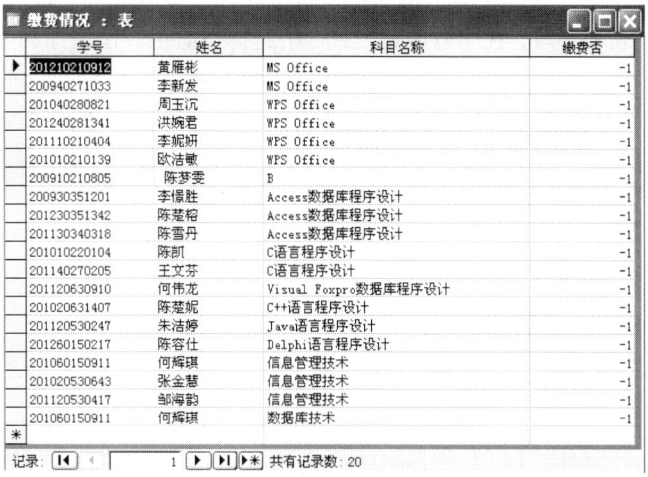

缴费情况 ：表

| 学号 | 姓名 | 科目名称 | 缴费否 |
|---|---|---|---|
| 201210210912 | 黄雁彬 | MS Office | -1 |
| 200940271033 | 李新发 | MS Office | -1 |
| 201040280821 | 周玉沉 | WPS Office | -1 |
| 201240281341 | 洪婉君 | WPS Office | -1 |
| 201110210404 | 李妮妍 | WPS Office | -1 |
| 201010210139 | 欧洁敏 | WPS Office | -1 |
| 200910210805 | 陈梦雯 | B | -1 |
| 200930351201 | 李憬胜 | Access数据库程序设计 | -1 |
| 201230351342 | 陈楚榕 | Access数据库程序设计 | -1 |
| 201130340318 | 陈雪丹 | Access数据库程序设计 | -1 |
| 201010220104 | 陈凯 | C语言程序设计 | -1 |
| 201140270205 | 王文芬 | C语言程序设计 | -1 |
| 201120630910 | 何伟龙 | Visual Foxpro数据库程序设计 | -1 |
| 201020631407 | 陈楚妮 | C++语言程序设计 | -1 |
| 201120530247 | 朱洁婷 | Java语言程序设计 | -1 |
| 201260150217 | 陈容仕 | Delphi语言程序设计 | -1 |
| 201060150911 | 何辉琪 | 信息管理技术 | -1 |
| 201020530643 | 张金慧 | 信息管理技术 | -1 |
| 201120530417 | 邹海韵 | 信息管理技术 | -1 |
| 201060150911 | 何辉琪 | 数据库技术 | -1 |

记录：1　共有记录数：20

图 3.48　删除未缴费记录查询结果

## 3.5.4　追加查询

追加查询可实现对现有表批量增加记录，即从一个或多个表中将满足条件的记录挑选出来，插入另一个表中，实现对记录的复制。

【例 3.16】 新建一个空表“二级考试报名汇总”，表结构见表 3.2。创建一个追加查询，将近几年缴费参加二级考试的学生信息追加到该表，结果保存为“追加二级考试报名学生信息”。

表 3.2　　二级考试报名汇总表结构

| 字段名称 | 字段类型 | 大　小 | 是否为主键 |
|---|---|---|---|
| 学号 | 文本 | 12 | 是 |
| 姓名 | 文本 | 6 | |
| 性别 | 文本 | 1 | |
| 系别 | 查阅向导 | | |
| 入学年份 | 数字 | 4 | |
| 手机号 | 文本 | 11 | |
| 报名日期 | 日期 | | |
| 科目名称 | 文本 | 30 | |

（1）按照表 3.2 所示字段属性设置，在表对象中新建空表“二级考试报名汇总”，表结构如图 3.49 所示。

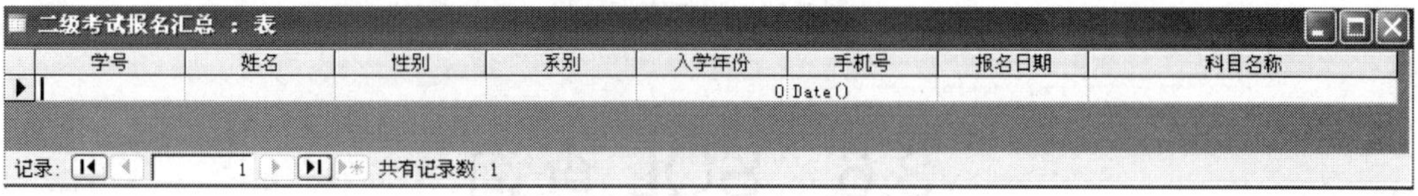

二级考试报名汇总 ：表

| 学号 | 姓名 | 性别 | 系别 | 入学年份 | 手机号 | 报名日期 | 科目名称 |
|---|---|---|---|---|---|---|---|
| | | | | 0 | | Date() | |

记录：1　共有记录数：1

图 3.49　新建二级考试报名汇总

（2）在“新建查询”对话框中选择“设计视图”。

（3）在弹出的“显示表”对话框中选择此查询的数据源：“学生”、“报名”、“考试科目”表。

（4）单击工具栏中的“查询类型”按钮，在弹出的下拉菜单中选择“追加查询”。

（5）选择相应的表和字段，在“追加到”一行中选择当前字段值追加到“二级考试报名汇总”表中所对应的字段；将“科目类别”与“缴费否”作为条件，并不追加数据：在条件栏中，设置“科目类别”字段为“计算机二级”；设置“缴费否”字段为“-1”，如图 3.50 所示。

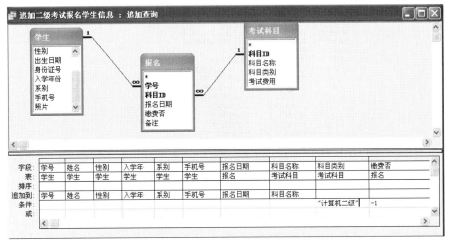

图 3.50　追加查询设置

（6）保存该查询为“追加二级考试报名学生信息”。

（7）选择工具栏中的“运行”按钮，运行该查询，弹出提示框，如图 3.51 所示，选择“是”。

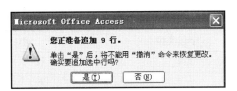

图 3.51　追加查询对话框

（8）到表对象中打开“二级考试报名汇总”表，查看更新结果，如图 3.52 所示。

二级考试报名汇总 ： 表

| 学号 | 姓名 | 性别 | 系别 | 入学年份 | 手机号 | 报名日期 | 科目名称 |
|---|---|---|---|---|---|---|---|
| 200930351201 | 李憬胜 | 男 | 财政会计系 | 2009 | 15918746645 | 2011-5-12 | Access数据库程序设计 |
| 201010220104 | 陈凯 | 男 | 外国语系 | 2010 | 13433964218 | 2011-5-15 | C语言程序设计 |
| 201020631407 | 陈楚妮 | 女 | 经济管理系 | 2010 | 15918712472 | 2011-5-16 | C++语言程序设计 |
| 201120530247 | 朱洁婷 | 女 | 土木工程系 | 2011 | 13627815471 | 2011-11-5 | Java语言程序设计 |
| 201120630910 | 何伟龙 | 男 | 经济管理系 | 2011 | 13918767936 | 2011-11-7 | Visual Foxpro数据库程序设计 |
| 201130340318 | 陈雪丹 | 女 | 财政会计系 | 2011 | 13430835102 | 2011-11-7 | Access数据库程序设计 |
| 201140270205 | 王文芬 | 女 | 艺术与人文系 | 2011 | 15918705462 | 2011-11-7 | C语言程序设计 |
| 201230351342 | 陈楚榕 | 女 | 财政会计系 | 2012 | 15975567475 | 2011-11-5 | Access数据库程序设计 |
| 201260150217 | 陈容仕 | 男 | 信息工程系 | 2012 | 15915602474 | 2011-5-16 | Delphi语言程序设计 |
| | | | | 0 | Date() | | |

记录: 1 共有记录数: 9

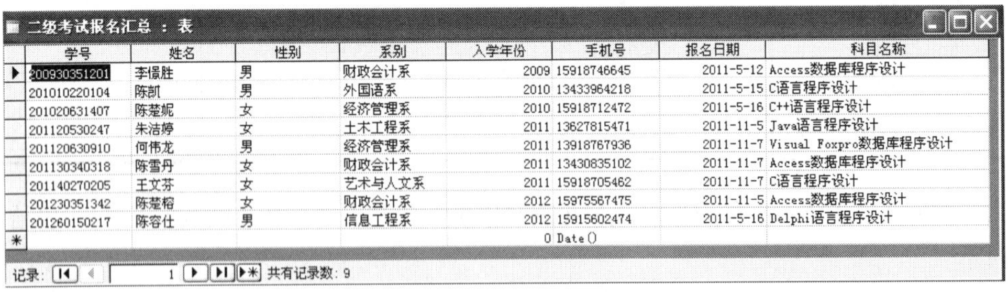

图 3.52　追加查询结果

# 3.6　SQL 查询

SQL 是 Structured Query Language 的简写，中文名称叫结构化查询语言。SQL 是一种对关系数据库进行定义、查询、操纵和控制的语言，即通过语句来实现对数据库的管理。根据数据库实现的功能不同，可将 SQL 语言动词分为 4 大类，见表 3.3。

表 3.3　　　　　　　　　　　　　　　SQL 语言动词

| SQL 功能 | 动　　词 |
|---|---|
| 数据定义 | CREATE、DROP、ALTER |
| 数据查询 | SELECT |
| 数据操纵 | INSERT、UPDATE、DELETE |
| 数据控制 | GRANT、REVOTE |

## 3.6.1　SQL 的语法规则

**1. 数据定义语句 CREATE、DROP、ALTER**

- CREATE 语句：用于创建数据库中的表结构。

    CREATE TABLE　表名称

    (

    列名 1　数据类型,

    列名 2　数据类型,

    列名 3　数据类型,

    ...

    ) ；

- DROP 语句：用于删除表和索引。

    DROP TABLE　表名称；

    DROP INDEX　索引名称；

- ALTER 语句：用于在已有表中添加、修改、删除列。

    ALTER TABLE　表名称　ADD　新列名　数据类型；

    ALTER TABLE　表名称　DROP　列名；

    ALTER TABLE　表名称　ALTER　列名　数据类型；

**2. 数据查询语句 SELECT**

- SELECT　语句用于从表中选取数据。

    SELECT [ALL | DISTINCT] <列名 1>,<列名 2>,...FROM <表名/查询名>

    [WHERE <行条件选择>]

    [GROUP BY <分组列名>　[HAVING <组选择条件>]

    [ORDER BY <排序列名>　[ASC | DESC] ]

    语句中各关键词的含义如下。

    ALL（默认）：返回全部记录；

    DISTINCT：略去选定字段中重复值的记录；

    FROM：指明字段的来源，即数据源表或查询；

    WHERE：定义查询返回行条件；

    GROUP BY：指明分组字段；

    HAVING：指明组选择条件；

ORDER BY ：指明排序字段；

ASC | DESC：指明排序方式，升序或降序。

### 3. 数据操纵语句 INSERT、UPDATE、DELETE

- INSERT 语句：向表格中插入新的行。

  INSERT INTO 表名称 VALUES (值 1，值 2,...);

  INSERT INTO 表名称(列 1，列 2,...) VALUES (值 1，值 2,....);

- UPDATE 语句：用于更新表中记录的字段值。

  UPDATE 表名称 SET 列名 = 新值,[列名 = 新值]…

  [WHERE 列名 = 某值];

- DELETE 语句：用于删除表中的行。

  DELETE FROM 表名称 WHERE 列名 = 某值;

  DELETE * FROM 表名称;

### 4. 数据控制语句 GRANT、REVOKE

- GRANT 语句：用于赋予用户访问权限。

  GRANT 权限[,权限…] [ON 对象类型 对象名] TO 用户[,用户…] [WITH GTANT OPTION];

- REVOKE 语句：用于收回所授予的用户访问权限。

  REVOKE 权限[,权限…] [ON 对象类型 对象名] FROM 用户[,用户…];

## 3.6.2 创建 SQL 查询

SQL 查询的创建方法和其他查询有所不同，该查询是在 SQL 视图下通过输入 SQL 语句来实现的。可以通过设计视图窗口切换出 SQL 视图，如图 3.53 所示。

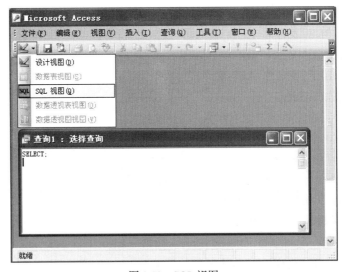

图 3.53 SQL 视图

### 1. 数据定义语句

- CREATE 语句举例

【例 3.17】 使用 CREATE 语句创建一张新表"学生 S"，包含字段和属性如下：学号（数字

型）、姓名（文本型　长度 6）、性别（文本型　长度 4）、出生日期（文本型）、专业（文本型），该
查询命名为"创建表学生 S"。

（1）在 SQL 视图中新建一个 SQL 查询。

（2）使用 CREATE 语句创建一张新表，如图 3.54 所示。

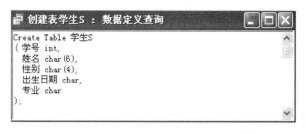

图 3.54　创建表 CREATE 语句

（3）保存该查询为"创建表学生 S"。

（4）选择工具栏中的"运行"按钮，运行该查询。

（5）到表对象中打开"学生 S"表查看结果，如图 3.55 所示。

图 3.55　创建表 CREATE 语句结果

- DROP 语句举例

【例 3.18】　使用 DROP 语句删除"学生 S1"表，该查询命名为"删除表学生 S1"。

（1）在表对象中新建一个"学生 S1"表，结构与"学生 S"相同。

（2）在 SQL 视图中新建一个 SQL 查询。

（3）使用 DROP 语句删除"学生 S1"表，如图 3.56 所示。

图 3.56　删除表 DROP 语句

（4）保存该查询为"删除表学生 S1"。

（5）选择工具栏中的"运行"按钮，运行该查询。

（6）到表对象中查看"学生 S1"表是否已被删除。

- ATLER 语句举例

【例 3.19】　使用 ALTER 语句为"学生 S"表中新增一列"入学年份"，该查询命名为"新增
入学年份列"。

（1）在 SQL 视图中新建一个 SQL 查询。

（2）使用 ALTER 语句为"学生 S"表中新增一列"入学年份"，如图 3.57 所示。

图 3.57  ALTER 新增列

（3）保存该查询为"新增入学年份列"。

（4）选择工具栏中的"运行"按钮 ，运行该查询。

（5）到表对象中打开"学生 S"表，查看结果，如图 3.58 所示。

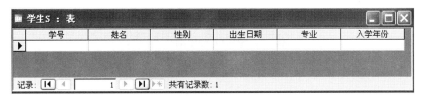

图 3.58  ALTER 新增列 ADD 语句结果

【例 3.20】 使用 ALTER 语句修改"学生 S"表中"出生日期"字段属性为日期型，该查询命名为"修改出生日期字段属性"。

（1）打开"学生 S"表设计视图，查看出生日期字段数据类型，如图 3.59 所示。

（2）在 SQL 视图中新建一个 SQL 查询。

（3）使用 ALTER 语句将"学生 S"表中"出生日期"字段属性由文本型改为日期型，如图 3.60 所示。

图 3.59  出生日期字段修改前的数据类型

图 3.60  ALTER 修改字段属性语句

（4）保存该查询为"修改出生日期字段属性"。

（5）选择工具栏中的"运行"按钮 ，运行该查询。

（6）再次打开"学生 S"表设计视图，查看出生日期字段修改后的数据类型，如图 3.61 所示。

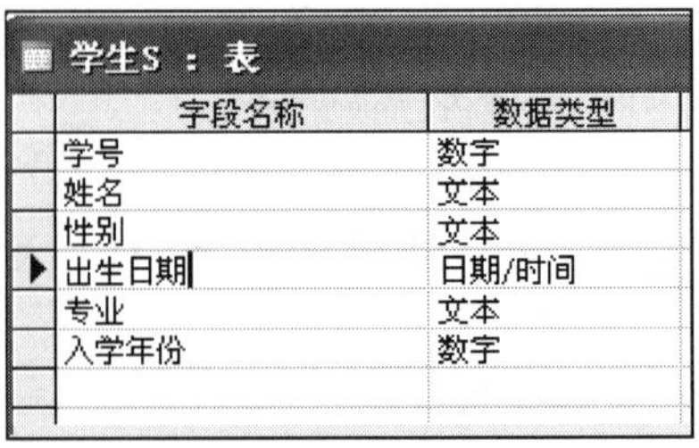

图 3.61  出生日期字段修改后的数据类型

【例 3.21】使用 ALTER 语句删除"学生 S"表中"专业"字段，该查询命名为"删除专业字段"。

（1）在 SQL 视图中新建一个 SQL 查询。

（2）使用 ALTER 语句删除"学生 S"表中"专业"字段，如图 3.62 所示。

图 3.62　ALTER 删除列 DROP 语句

（3）保存该查询为"删除专业字段"。

（4）选择工具栏中的"运行"按钮，运行该查询。

（5）到表对象中打开"学生 S"表，查看结果，如图 3.63 所示。

图 3.63　ALTER 删除列 DROP 语句结果

### 2. 数据查询语句 SELECT

- SELECT 语句举例

【例 3.22】使用 SELECT 语句在"学生"表中查询"陈"姓女学生的基本信息："学号"、"姓名"、"入学年份"、"系别"，并按年级升序排列，该查询命名为"陈姓女生信息"。

（1）在 SQL 视图中新建一个 SQL 查询。

（2）使用 SELECT 语句设置查询结果的包含字段为"学号"、"姓名"、"入学年份"、"系别"，查询条件为"陈"姓、"女"学生，并按年级升序排列，如图 3.64 所示。

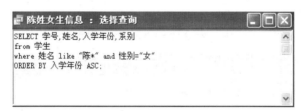

图 3.64　SELECT 选择语句

（3）保存该查询为"陈姓女生信息"。

（4）选择工具栏中的"运行"按钮，运行该查询。

（5）结果如图 3.65 所示。

图 3.65　SELECT 语句查询结果

【例3.23】使用SELECT语句，在"学生"表中按系别分组，统计性别为"男"的学生人数，并单独显示为"人数"列。该查询命名为"统计各系男生人数"。

（1）在SQL视图中新建一个SQL查询。

（2）使用SELECT语句，在"学生"表中按系别分组，统计性别为"男"的学生人数，如图3.66所示。

图3.66　SELECT选择语句

（3）保存该查询为"统计各系男生人数"。

（4）选择工具栏中的"运行"按钮，运行该查询。

（5）结果如图3.67所示。

图3.67　SELECT语句查询结果

### 3. 数据操纵语句INSERT、UPDATE、DELETE

- INSERT语句举例

【例3.24】使用INSERT语句为"学生S"表中添加一条记录如下，学号：1　姓名：张诚　性别：女　出生日期：1991-4-19　入学年份：2011。该查询命名为"增加新记录"。

（1）在SQL视图中新建一个SQL查询。

（2）使用INSERT语句往"学生"表添加一条记录，如图3.68所示。

图3.68　INSERT语句添加记录

（3）保存该查询为"增加新记录"。

（4）选择工具栏中的"运行"按钮，运行该查询，弹出追加查询提示框，如图3.69所示。

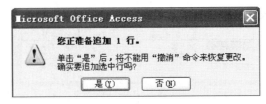

图3.69　INSERT语句追加查询提示框

（5）结果如图 3.70 所示。

图 3.70　INSERT 新增记录结果

- UPDATE 语句举例

【例 3.25】 使用 UPDATE 语句更新"学生 S"表中的记录，将姓名为"张诚"的学生的性别更改为"男"，该查询命名为"更改记录"。

（1）在 SQL 视图中新建一个 SQL 查询。

（2）使用 UPDATE 语句更新姓名为"张诚"的学生的性别为"男"，如图 3.71 所示。

图 3.71　UPDATE 语句更新记录

（3）保存该查询为"更改记录"。

（4）选择工具栏中的"运行"按钮 ，运行该查询，弹出更新查询提示框，如图 3.72 所示。

图 3.72　UPDATE 语句更新查询提示框

（5）结果如图 3.73 所示。

图 3.73　UPDATE 更新记录结果

- DELETE 语句举例

【例 3.26】 使用 DELETE 语句删除"学生 S"表中姓名为"张诚"的学生记录，该查询命名为"删除记录"。

（1）在 SQL 视图中新建一个 SQL 查询。

（2）使用 DELETE 语句删除"学生 S"表中姓名为"张诚"的学生记录，如图 3.74 所示。

（3）保存该查询为"删除记录"。

（4）选择工具栏中的"运行"按钮 ，运行该查询，弹出删除查询提示框，如图 3.75 所示。

图 3.74　DELETE 语句删除记录

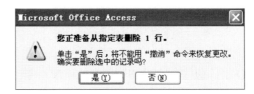

图 3.75　DELETE 语句删除记录提示框

（5）查看"学生 S"表中该记录是否已被删除。

# 3.7　本章小结

本章主要介绍了常用的几种查询，包括选择查询、参数查询、交叉表查询、操作查询和 SQL 查询。每种查询各有特色，如参数查询能灵活地设置查询条件，操作查询能修改数据源的数据。其中选择查询是查询中的重点，是学习其他类型查询的基础。表与查询是数据库中的重要对象，其他数据库对象的操作基本基于这两个对象之上。

# 3.8　练　　习

## 1．选择题

（1）查询"书名"字段中包含"等级考试"字样的记录，应该使用的条件是（　　　）。（2011 年 3 月计算机二级 Access 试题）

    A．Like "等级考试"　　　　　　　　　　B．Like "*等级考试"

    C．Like "等级考试*"　　　　　　　　　　D．Like "*等级考试*"

（2）若查找某个字段中以字母 A 开头且以字母 Z 结尾的所有记录，则条件表达式应设置为（　　　）。（2012 年 3 月计算机二级 Access 试题）

    A．Like"A$Z"　　　　　　　　　　　　B．Like "A#Z"

    C．Like "A*Z"　　　　　　　　　　　　D．Like "A?Z"

（3）教师表的"选择查询"设计视图如图 3.76 所示，则查询结果是（　　　）。（2012 年 3 月计算机二级 Access 试题）

    A．显示教师的职称、姓名和同名教师的人数

    B．显示教师的职称、姓名和同样职称的人数

    C．按职称的顺序分组显示教师的姓名

    D．按职称统计各类职称的教师人数

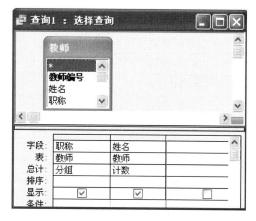

图 3.76 选择查询设计视图

（4）利用对话框提示用户输入查询条件，这样的查询属于（ ）。（2010 年 3 月计算机二级 Access 试题）

    A. 选择查询                         B. 参数查询

    C. 操作查询                         D. SQL 查询

（5）在查询条件中使用了通配符 "!"，它的含义是（ ）（2011 年 9 月计算机二级 Access 试题）

    A. 通配任意长度的字符                B. 通配不在括号内的任意字符

    C. 通配方括号内列出的任一单个字        D. 错误的使用方法

（6）在教师表中 "职称" 字段可能的取值为：教授、副教授、讲师和助教，要查找职称为教授或副教授的教师，错误的语句是（ ）。（2012 年 3 月计算机二级 Access 试题）

    A. SELECT * FROM 教师表 WHERE ( InStr([职称],"教授") <> 0);

    B. SELECT * FROM 教师表 WHERE ( Right([职称], 2) ="教授");

    C. SELECT * FROM 教师表 WHERE ([职称] ="教授");

    D. SELECT * FROM 教师表 WHERE ( InStr([职称], "教授") = 1 Or InStr([职称], "教授") = 2 );

（7）假设 "公司" 表中有编号、名称、法人等字段，查找公司名称中有 "网络" 二字的公司信息，正确的命令是（ ）。（2010 年 3 月计算机二级 Access 试题）

    A. SELECT * FROM 公司 FOR 名称 = "*网络*"

    B. SELECT * FROM 公司 FOR 名称 LIKE "*网络*"

    C. SELECT * FROM 公司 WHERE 名称="*网络*"

    D. SELECT * FROM 公司 WHERE 名称 LIKE"*网络*"

（8）在 SQL 的 SELECT 语句中，用于指明检索结果排序的子句是（ ）。（2011 年 9 月计算机二级 Access 试题）

    A. FROM                             B. WHILE

    C. GROUP BY                       D. ORDER BY

（9）有商品表内容见表 3.4。

表 3.4　　　　　　　　　　　　　　商品表

| 部门号 | 商品号 | 商品名称 | 单　价 | 数　量 | 产　地 |
|---|---|---|---|---|---|
| 40 | 101 | A 牌电风扇 | 200 | 10 | 广东 |
| 40 | 104 | A 牌微波炉 | 350 | 10 | 广东 |
| 20 | 105 | C 牌传真机 | 1000 | 20 | 上海 |
| 40 | 202 | A 牌电冰箱 | 3000 | 2 | 广东 |
| 30 | 1041 | B 牌计算机 | 6000 | 10 | 广东 |
| 30 | 204 | C 牌计算机 | 10000 | 10 | 广东 |

执行 SQL 命令：

SELECT 部门号,MAX(单价*数量) FROM 商品表 GROUP BY 部门号;

查询结果的记录数是（　　　）。（2011 年 9 月计算机二级 Access 试题）

    A．1　　　　　　　　　　　　B．3

    C．4　　　　　　　　　　　　D．10

（10）若要将"产品"表中所有供货商是"ABC"的产品单价下调 50，则正确的 SQL 语句是（　　　）。（2011 年 3 月计算机二级 Access 试题）

    A．UPDATE 产品 SET 单价=50 WHERE 供货商="ABC"

    B．UPDATE 产品 SET 单价=单价-50 WHERE 供货商="ABC"

    C．UPDATE FROM 产品 SET 单价=50 WHERE 供货商="ABC"

    D．UPDATE FROM 产品 SET 单价=单价-50 WHERE 供货商="ABC"

**2. 填空题**

（1）Access 的查询分为 5 种类型，分别是选择查询、参数查询、操作查询、SQL 查询和_____查询。（2012 年 3 月计算机二级 Access 试题）

（2）在 Access 查询的条件表达式中要表示任意单个字符，应使用通配符_____。（2011 年 3 月计算机二级 Access 试题）

（3）在 SELECT 语句中，HAVING 子句必须与_____子句一起使用。（2011 年 3 月计算机二级 Access 试题）

（4）在工资表中有姓名和工资等字段，若要求查询结果按照工资降序排列，可使用的 SQL 语句是：SELECT 姓名,工资 FROM 工资表 ORDER BY 工资_____。（2012 年 3 月计算机二级 Access 试题）

# 第4章
# 窗体

窗体是 Access 数据库 7 种基本对象之一，用于提供数据库和用户联系的界面。窗体可以将表或查询的数据以各种形式显示出来，还可以用于输入、编辑数据等。除此之外，用户能够在窗体中设置命令按钮、文本框等控件，以更好地显示数据和为用户提供更加丰富的交互方式。本章主要介绍窗体的基本概念及窗体的创建和编辑等操作方法。

# 4.1 认识窗体

## 4.1.1 窗体的作用

虽然数据表存储了数据库中的所有数据，但用户往往希望能有一个更友好的界面来将其展现，并尽可能地提供更简洁、高效的交互操作。窗体便能满足以上需求。

窗体是 Access 数据库与用户的接口，为最终用户提供了处理自己业务数据的界面。窗体中的信息主要有两类：一类是设计者在设计窗体时附加的一些提示信息；另一类是所处理表或查询的纪录。

窗体的作用主要体现在：

- 为用户提供统一、美观的操作界面；
- 可以显示数据表或查询中的数据，为用户展现其需要的信息；
- 可以利用窗体这个接口向数据库中添加数据，或者修改、删除数据库中的数据；
- 还可将窗体与编写的宏或 VBA 代码相结合，以完成各种复杂的控制功能。

 窗体虽然可以显示表或查询中的数据，但窗体本身并不实际存储数据。Access 只是将表或查询中的数据映射到窗体中，这也更好地保证了数据的一致性，同时减少了数据存储量。

## 4.1.2 窗体的类型

### 1. 纵栏式窗体

纵栏式窗体是最常见的窗体类型之一。纵栏式窗体每屏显示一条记录，各字段通常纵向排列。字段名显示在窗体左侧，对应的字段值则显示在右侧。如图 4.1 所示的"考试科目：纵栏式"窗体即为纵栏式窗体。

### 2. 表格式窗体

表格式窗体也是常见的窗体类型之一。表格式窗体每屏能显示多条记录，记录纵向排列，字段横向排列，字段名出现在窗体上方。如图 4.2 所示的"考试科目：表格式"窗体即为表格式窗体。

图 4.1  纵栏式窗体

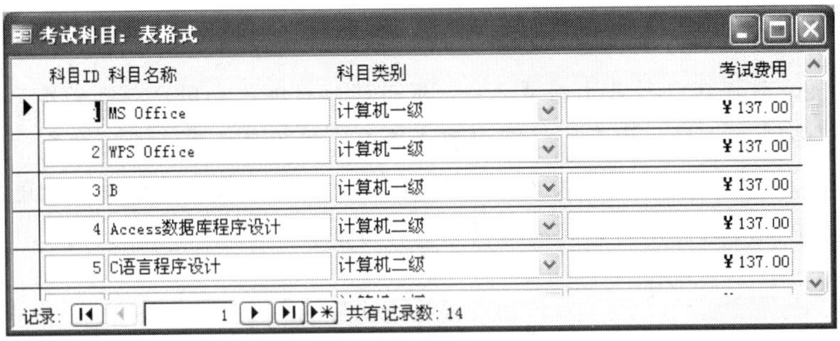

图 4.2  表格式窗体

### 3. 数据表窗体

数据表窗体的外观与"表"和"查询"的外观一样，不显示窗体页眉和窗体页脚。这种窗体不能进行复杂的界面展示，但处理数据的速度较快，适合作为其他窗体的子窗体。如图 4.3 所示的"考试科目：数据表"窗体即为数据表窗体。

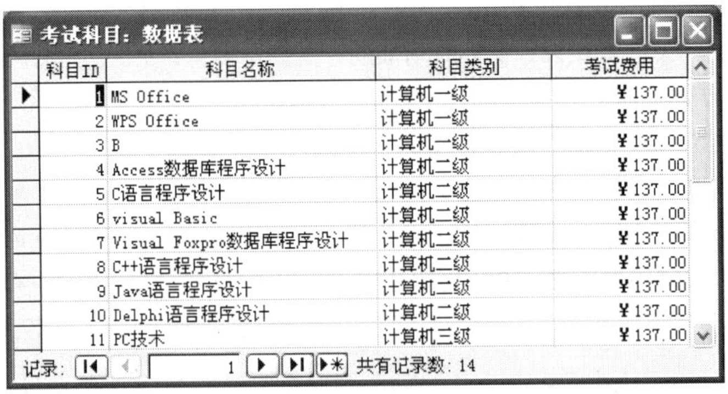

图 4.3  数据表窗体

### 4. 图表窗体

图表窗体是利用 Microsoft Graph 以图表方式显示表中数据的一种窗体。Access 2003 为用户提供了多种图表类型：柱状图、条形图、折线图和饼图等。如图 4.4 所示的"学生人数统计"窗体为图表窗体中常见的柱形图窗体。用户可单独使用图表窗体，也可在子窗体中使用图表窗体来增加窗体功能。

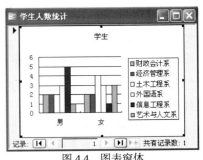

图 4.4  图表窗体

#### 5. 数据透视表窗体

数据透视表窗体是一种能以指定的数据表或查询为数据源产生一个 Excel 分析表的窗体形式。如图 4.5 所示的"学生人数统计：透视表"即为数据透视表窗体。用户可以调整数据透视表窗体中的透视表布局来满足各种不同的数据分析需求，还可以对数据透视表窗体中的表格数据进行操作，如计算、排序、筛选等。

图 4.5　数据透视表窗体

#### 6. 数据透视图窗体

数据透视图窗体以更直观的图形方式显示数据表或查询中的数据。与数据透视表窗体一样，用户可以调整数据透视图窗体中的布局方式来满足各种不同的数据分析需求，还可以对数据透视图窗体中的数据进行操作，如计算、排序、筛选等。如图 4.6 所示的"学生人数统计：透视图"即为数据透视图窗体。

#### 7. 主/子窗体

窗体中的窗体称为"子窗体"，而包含了子窗体的窗体则称为"主窗体"。如图 4.7 所示为"各系别学生情况"窗体，主窗体中展示了每个系的基本信息，子窗体则显示了当前系别的学生信息，主窗体中的每条系别记录都对应子窗体的多条学生记录。

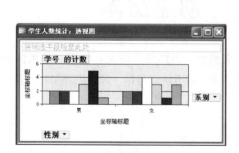

图 4.6　数据透视图窗体

图 4.7　主/子窗体

**说明**　可以看出主窗体与子窗体的数据存在"一对多"关系。通常，主窗体作为"一"的一端；子窗体则与主窗体链接，成为"多"的一端，用于显示与主窗体当前记录相关的多条记录。另外，主窗体只能显示为纵栏式窗体，子窗体则可以显示为数据表窗体或表格式窗体等。

## 4.1.3　窗体的视图

Access 为用户提供了 5 种视图形式，分别为"设计"视图、"窗体"视图、"数据表"视图、

"数据透视表"视图和"数据透视图"视图。用户可以利用不同的视图方式来完成不同的操作。

- **"设计"视图**：主要用于创建和修改窗体结构，如图 4.8 所示。在该视图下，用户可以灵活地设置数据源，可以根据需要为窗体添加各种控件，还可以调整窗体布局等。
- **"窗体"视图**：是用于查看、输入及修改数据的窗口，图 4.1 所示即为"考试科目"窗体的窗体视图。在该视图下添加、修改或删除数据会自动保存到数据库中。
- **"数据表"视图**：是以行列形式显示数据表或查询数据的窗口，其显示效果等同于"数据表"对象的"数据表"视图，如图 4.9 所示。用户可在此视图下实现数据的增、删、改、查操作。

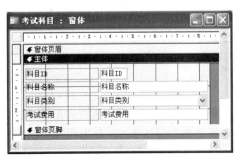

图 4.8　窗体的设计视图

图 4.9　窗体的数据表视图

- **"数据透视表"视图**：是使用了"Office 数据透视表"组件来进行交互式数据分析的窗口，如图 4.5 所示。
- **"数据透视图"视图**：是使用了"Office Chart"组件来创建动态的交互式图表的窗口，如图 4.6 所示。

# 4.2　使用"向导"创建窗体

与数据表和查询一样，窗体也可以通过多种方式来创建。大体分为两类：使用向导来快速创建和利用设计视图来手动创建。本节介绍利用向导创建窗体的方法，包括"自动创建"和使用"窗体向导"等。

## 4.2.1　自动创建窗体

### 1. 使用"自动创建窗体"

Access 一共提供了 3 种"自动创建窗体"的方法，分别是"自动创建窗体：纵栏式"、"自动创建窗体：表格式"和"自动创建窗体：数据表"。它们的创建步骤相同，且非常简单，下面仅以纵栏式窗体为例进行说明。

【例 4.1】以"考试科目"表为数据源，使用"自动创建窗体"的方法创建如图 4.1 所示的纵栏式窗体。

（1）在"数据库"窗口中选择"窗体"对象，然后单击"新建"按钮 新建(N)。

（2）在弹出的"新建窗体"对话框中选择"自动创建窗体：纵栏式"，并在"请选择该对象数据的来源表或查询"组合框中选择"考试科目"，如图 4.10 所示。

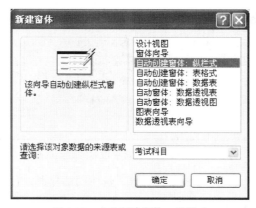

图 4.10　自动创建窗体：纵栏式

（3）单击"确定"按钮，便能自动创建如图 4.1 所示的纵栏式窗体。

（4）单击工具栏上的"保存"按钮，为窗体命名，然后保存窗体。

另外两种方法："自动创建窗体：表格式"和"自动创建窗体：数据表"的步骤大同小异，此处不再赘述。

### 2．使用"自动窗体"

Access 提供了两种"自动窗体"的方法，分别是"自动窗体：数据透视表"和"自动窗体：数据透视图"。数据透视表是一种特殊的表，主要用于数据计算和分析。在数据透视表中可以更改表的布局，可以用不同方式查看和分析数据。而数据透视图则是一种交互式图表，功能与数据透视表类似，但它以图形来表示数据，更为直观。下面以数据透视表窗体的创建为例进行说明。

【例 4.2】 以"学生"表为数据源，使用"自动窗体"的方法创建数据透视表窗体。

（1）在"数据库"窗口中选择"窗体"对象，然后单击"新建"按钮。

（2）在弹出的"新建窗体"对话框中选择"自动窗体：数据透视表"，并在"请选择该对象数据的来源表或查询"组合框中选择"学生"表，如图 4.11 所示。

（3）单击"确定"按钮，打开如图 4.12 所示的数据透视表视图。将字段列表中的"性别"字段拖至行字段处，"系别"字段拖至列字段处，"学号"字段拖至明细字段处，便能得到如图 4.13所示的效果。

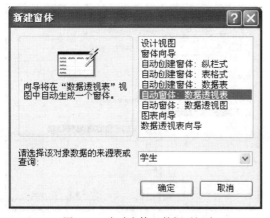

图 4.11　自动窗体：数据透视表

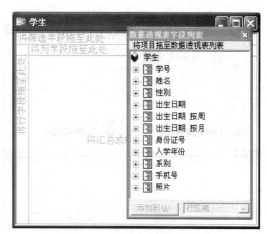

图 4.12　数据透视表设计界面

图 4.13　添加行、列等字段后的数据透视表

（4）可以对其中数据做更进一步的统计计算，选中明细数据，右击，在弹出的快捷菜单中选择"自动计算"，然后选择自己需要的统计方式，本例中选择"计数"。出现水平及垂直计数后，单击隐藏按钮，将明细数据隐藏后得到如图 4.5 所示的最终效果。

## 4.2.2　使用向导创建窗体

### 1. 使用"窗体向导"创建窗体

前面介绍的利用"自动创建窗体"或"自动窗体"来创建窗体的方法虽然简便、快捷，但不允许用户进行过多个性化设置。而利用"窗体向导"来创建的窗体则更加灵活，能满足用户的多种不同需求。

【例 4.3】 以"学生"、"报名"和"考试科目"表为数据源，利用"窗体向导"创建名为"报名信息"的纵栏式窗体，采用"国际"样式，显示学生的"学号"、"姓名"及其报名参加的"科目名称"信息。

（1）在"新建窗体"对话框中选择"窗体向导"，单击"确定"按钮，自动打开"窗体向导"对话框。

（2）在"表/查询"组合框中选择数据源"报名"表，下方的"可用字段"列表框自动显示"报名"表的所有字段。双击其中的"学号"字段后，右侧"选定的字段"列表框中会自动显示已选的"学号"字段，如图 4.14 所示。

（3）再在"表/查询"组合框中选择数据源"学生"表，在下方的"可用字段"列表框选择"姓名"字段。

（4）最后在"表/查询"组合框中选择数据源"考试科目"表，在下方的"可用字段"列表框选择"科目名称"字段。选好后的效果如图 4.15 所示。

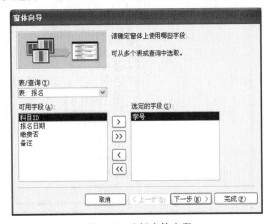

图 4.14　选择窗体字段 1

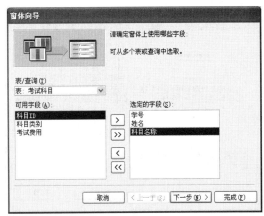

图 4.15　选择窗体字段 2

（5）单击"下一步"按钮，确定查看数据的方式，此处选择"通过报名"查看，可在右侧看到预览效果，如图 4.16 所示。

（6）单击"下一步"按钮，选择窗体布局为"纵栏表"，如图 4.17 所示。

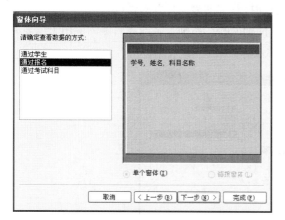

图 4.16　选择查看数据方式　　　　　　　　　图 4.17　选择窗体布局

（7）单击"下一步"按钮，选择窗体样式为"国际"，如图 4.18 所示。

（8）单击"下一步"按钮，为窗体指定标题"报名信息"，如图 4.19 所示。再单击"完成"按钮，便创建了如图 4.20 所示的窗体。

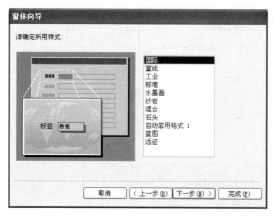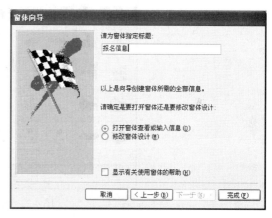

图 4.18　选择窗体样式　　　　　　　　　　　图 4.19　为窗体指定标题

图 4.20　利用窗体向导创建的纵栏式窗体

## 2. 使用"图表向导"创建图表窗体

"图表向导"用于创建图表窗体，图表窗体能更直观地显示表或查询中的数据。

【**例 4.4**】 以"学生"表为数据源，利用"图表向导"创建如图 4.4 所示的"学生人数统计"图表窗体，统计各系男女生的人数，以柱形图的形式显示结果。

（1）在"新建窗体"对话框中选择"图表向导"，并在"请选择该对象数据的来源表或查询"组合框中选择"学生"表，单击"确定"按钮，自动打开"图表向导"对话框。

（2）在"可用字段"列表框中选择"学号"、"性别"和"系别"字段，右侧的"用于图表的字段"列表框中自动显示已选字段，如图 4.21 所示。

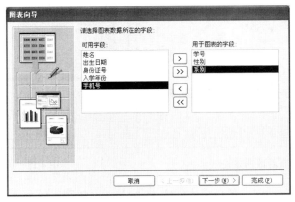

图 4.21　选择窗体字段

（3）单击"下一步"按钮，选择图表类型为"柱形图"，如图 4.22 所示。

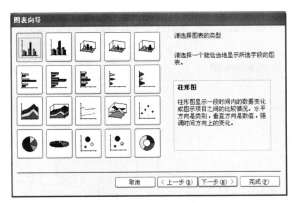

图 4.22　选择图表类型

（4）单击"下一步"按钮，将选中的字段拖至各相应位置，如图 4.23 所示。

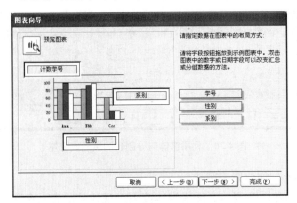

图 4.23　设定图表中数据的布局

（5）单击"下一步"按钮，为窗体指定标题"学生人数统计"，如图 4.24 所示。再单击"完成"按钮，便创建了如图 4.4 所示的窗体。

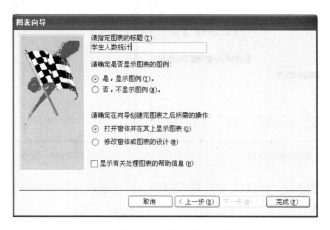

图 4.24　指定图表标题

　在设置图表数据布局时，可双击图表中的数字或日期字段来改变其汇总或分组方式。例如当汇总字段为"年龄"时，可双击该字段，打开"汇总"对话框，在其中选择需要的汇总类型。本例中汇总字段"学号"为文本型，其汇总方式只能为"计数"。

### 3. 使用"数据透视表向导"创建数据透视表窗体

【例 4.5】 以"学生"表为数据源，使用"数据透视表向导"的方法创建如图 4.5 所示的数据透视表窗体。

（1）在"新建窗体"对话框中选择"数据透视表向导"，单击"确定"按钮，弹出"数据透视表向导"对话框，如图 4.25 所示。

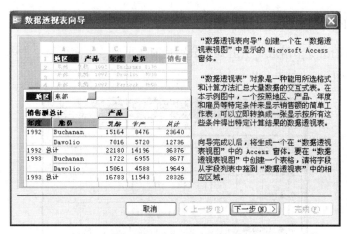

图 4.25　数据透视表向导

（2）单击"下一步"按钮，在"表/查询"组合框中选择"学生"表，在"可用字段"列表框中选择"学号"、"性别"和"系别"字段，如图 4.26 所示。

（3）单击"完成"按钮，打开如图 4.27 所示的数据透视图设计界面。

（4）接下来的操作与例 4.2 介绍的"自动窗体"的方法一样，将字段列表中的各字段拖至相

图 4.26　选择窗体字段

图 4.27　数据透视图设计界面

应位置，并对明细数据进行"计数"。单击隐藏按钮，将明细数据隐藏后便能得到如图 4.5 所示的最终效果。

# 4.3　利用"设计视图"创建窗体

利用"设计视图"创建窗体的方法很简单。在"新建窗体"对话框中选择"设计视图"，再在来源表或查询的组合框中选择数据源（此时也可不选数据源，以后再设置）。然后单击"确定"按钮，便在设计视图中建立了一个空白的窗体。然后只要往里面添加控件或者直接将"字段列表"中的字段拖至窗体上即可。

对于已有窗体，也可以在设计视图中对其进一步修改。选中数据库窗口的某个窗体，然后单击 设计(D)按钮，或者在数据库窗口的某个窗体上右击，然后在弹出的快捷菜单中选择"设计视图"命令，也可以进入该窗体的设计视图，从而对其进行修改。

## 4.3.1　窗体设计视图的组成

窗体的设计视图由 5 节组成，从上到下分别是窗体页眉、页面页眉、主体、页面页脚和窗体页脚。如图 4.28 所示。

图 4.28　窗体设计视图的组成

- **窗体页眉**：位于窗体顶端，一般用于显示窗体标题、使用说明及命令按钮等。

- **页面页眉**：用于设置打印时的页头信息，如页面标题、单位名称等。
- **主体**：通常用来显示记录数据，是窗体最核心的部分。
- **页面页脚**：用于设置打印时的页脚信息，如日期/时间、页码等。它与页面页眉成对出现。
- **窗体页脚**：位于窗体底部，一般用于显示命令按钮、操作说明、对窗体的控制信息及对窗体数据的一些汇总信息等。它与窗体页眉成对出现。

## 4.3.2　工具箱的使用

前面介绍了怎样利用"设计视图"创建一个窗体，但刚创建完成时得到的是一个空白窗体，必须进一步在其中添加各种元素。工具箱便为用户提供了多种控件，来帮助用户在设计视图中完成数据的显示和窗体的布局等工作。

设计视图中的工具箱非常灵活，用户可根据需要通过拖动改变工具箱的位置及形状，不需要时还可以将其关闭。再次打开时，只需单击"视图"菜单中的"工具箱"命令，或者在工具栏空白处右击，在弹出的快捷菜单中选择"工具箱"命令即可。工具箱如图 4.29 所示。

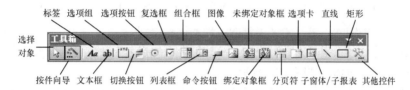

图 4.29　窗体工具箱

**说明**

工具箱中的前两个按钮是功能按钮。其中"选择对象"按钮用于选取控件、节或窗体。"控件向导"按钮用于打开或关闭添加控件时系统提供的向导。黄色为选中状态，用户可通过单击对其状态进行切换。"控件向导"被选中时添加组合框、命令按钮等控件，将会自动弹出向导窗口，用户可按照向导提示进行相关设置；不被选中时添加控件，系统不再提供任何向导。下面介绍工具栏中各主要控件的使用方法。

### 1. 标签

标签主要用于显示说明或描述性文字。添加其他控件时，一般会自动为其附加标签，也可在窗体中添加单独的标签。无论哪种标签，都没有数据源，并不显示字段或表达式的值。

【例 4.6】　为例 4.1 中创建的"考试科目：纵栏式"窗体添加标题"考试科目信息"。

（1）打开"考试科目：纵栏式"窗体的设计视图。

（2）单击"视图"菜单中的"窗体页眉/页脚"命令，在"考试科目：纵栏式"窗体的设计视图中添加了"窗体页眉"和"窗体页脚"节，如图 4.30 所示。

（3）单击工具箱上的"标签"按钮，再在窗体页眉的适当位置单击以添加标签，然后输入标签内容"考试科目信息"。

（4）适当调整格式后，保存窗体。完成后的窗体如图 4.31 所示。其中标签"考试科目信息"为独立标签，而原本的"科目 ID"、"科目名称"等则是其他控件上的附加标签。

### 2. 文本框

文本框主要用于输入或编辑数据，用户可以通过文本框与数据库进行交互。文本框分为"绑定型"、"未绑定型"和"计算型"3 种。绑定型文本框能够从表和查询中获得所需内容，能够输

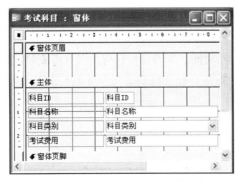

图 4.30　添加"窗体页眉"及"窗体页脚"节

图 4.31　为窗体添加标签

入、更新数据源中的数据；未绑定型文本框则不会链接任何表或查询中的字段，仅用来显示提示信息或接收用户输入等；计算型文本框则可以显示表达式的结果，表达式中可引用窗体、报表数据源中的数据或窗体、报表上其他控件中的数据。

【例 4.7】　为窗体添加 3 个文本框，分别显示各系"报名人数"、"报名总人数"和各系"报名人数比例"。其中第一个文本框直接绑定"各系报名人数"查询的"报名人数"字段，第二个文本框提供总人数的输入，第三个文本框的值需要计算得到。

（1）事先创建"各系报名人数"查询，统计每个系的报名人数。再以该查询为数据源，利用设计视图创建一空白窗体，如图 4.32 所示。

（2）在设计视图中能看到"字段列表"，如果没有显示，可以执行"视图"菜单中的"字段列表"命令将其打开。将其中的"系别"、"报名人数"字段拖至窗体主体节的合适位置，便完成了"报名人数"文本框的添加，如图 4.33 所示。

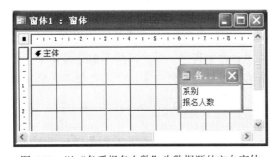

图 4.32　以"各系报名人数"为数据源的空白窗体

图 4.33　"各系报名人数"窗体

（3）单击工具箱上的"文本框"按钮，再在窗体主体节的适当位置单击，弹出"文本框向导"对话框，如果不需要进行格式等外观的设置，可直接单击"取消"按钮退出向导。添加文本框后，将其附加标签的标题改为"报名总人数"。然后双击该文本框，打开其"属性"对话框，在"其他"选项卡的"名称"属性框中输入该文本框的名称"报名总人数"，以便后续引用。

（4）再次按照步骤（3）添加第 3 个文本框，并将附加标签的标题改为"报名人数比例"，然后在该文本框中输入公式"=([报名人数]/[报名总人数])*100 & '%'"，以便自动计算各系报名人数在报名总人数中的比例。

（5）保存窗体。完成后的窗体的设计视图如图 4.34 所示，其窗体视图如图 4.35 所示。该窗体中共添加了 3 个文本框，第 1 个为"绑定型"文本框，绑定到"各系报名人数"查询的"报名人数"字段；第 2 个为"未绑定型"文本框，用户可在该文本框中自行输入；第 3 个为"计算型"文本框，通过用户设定的公式自动计算人数比例。

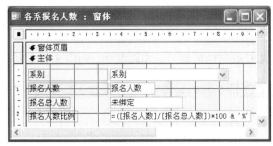

图 4.34　"各系报名人数"窗体设计视图

图 4.35　"各系报名人数"窗体视图

**3．切换按钮、选项按钮、复选框**

切换按钮、选项按钮、复选框主要用于显示表或查询中的"是/否"型字段。对于"切换按钮"来说，按下按钮表示"是"，否则表示"否"；对于"选项按钮"和"复选框"来说，选中表示"是"，否则表示"否"。如图 4.36 所示，从左到右分别为：切换按钮、选项按钮和复选框。这 3 种控件的使用较简单，此处不再举例说明。

**4．选项组**

选项组是一个组框，其中可包含切换按钮、选项按钮、复选框等控件，以便将窗体中各部分控件分组显示，增加阅读性。需要注意的是，在选项组中，无论是选项按钮还是复选框，每次都只能选择一个选项。

【例 4.8】 创建一个"学生"窗体，将学生的性别字段用选项组显示。

（1）利用窗体向导创建"学生"窗体，选择"学号"、"姓名"、"系别"等字段，如图 4.37 所示。

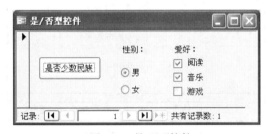

图 4.36　是/否型控件

图 4.37　"学生"窗体

（2）在工具箱中选择"选项组"按钮，然后在窗体的主体节合适位置单击，弹出"选项组向导"对话框。依次输入标签名称："男"、"女"，如图 4.38 所示。

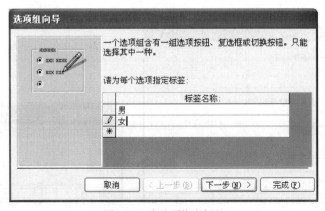

图 4.38　为选项指定标签

（3）单击"下一步"按钮，在向导的第二步指定是否设置默认选项。单击"是，默认选项是"选项按钮，在右侧的组合框中选择"女"，如图 4.39 所示。

（4）单击"下一步"按钮，为每个选项赋值。此处取默认值即可，无需改动，如图 4.40 所示。

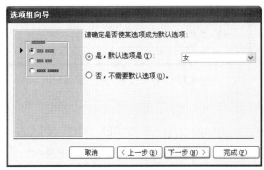

图 4.39　指定默认选项　　　　　　　　　　图 4.40　为选项赋值

（5）单击"下一步"按钮。在向导第 4 步单击"在此字段中保存该值"选项按钮，在其右侧的组合框中选择"性别"。这样便将该选项组绑定到"性别"字段，如图 4.41 所示。

（6）单击"下一步"按钮。在向导的第 5 步中选择选项组中控件的类型为"选项按钮"，样式为"蚀刻"，如图 4.42 所示。

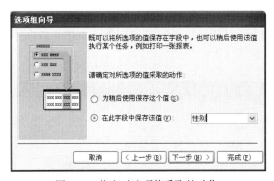
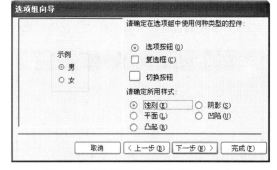

图 4.41　指定对选项值采取的动作　　　　　图 4.42　确定选项组中控件类型及样式

（7）单击"下一步"按钮。在文本框中输入选项组标题："性别"，如图 4.43 所示。最后单击"完成"按钮，完成该选项组的创建。完成的效果如图 4.44 所示，在窗体中添加了性别选项组，默认选项为"女"。

图 4.43　指定选项组标题　　　　　　　　　图 4.44　选项组控件

例 4.8 中使用了向导创建"性别"选项组。事实上也可以退出向导，然后直接在空白选项组中添加适当的控件，这里不再举例。

#### 5. 组合框、列表框

在窗体中输入的某些内容可能来自于表或查询中的数据，或者是非常有限范围的几个值，此时可采用组合框或列表框来支持这些数据的输入。例如，"教师"的职称通常只有 4 个值："助教"、"讲师"、"副教授"和"教授"。此时利用组合框或列表框输入这类数据不仅可减少大量的字符输入工作，而且可在一定程度上保证数据的正确性。

【例 4.9】 创建一个"学生"窗体，将其中的"入学年份"字段用组合框显示，"系别"字段用列表框显示。

（1）利用窗体向导创建"学生"窗体，选择"学号"、"姓名"等字段，如图 4.45 所示。

（2）在工具箱中选择"组合框"按钮，然后在窗体的主体节合适位置单击，弹出"组合框向导"对话框。在对话框中选择"自行键入所需的值"选项，如图 4.46 所示。然后单击"下一步"按钮。

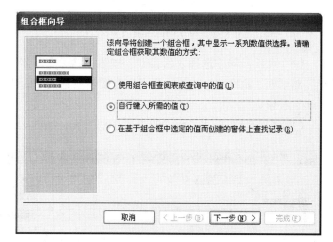

图 4.45　学生窗体

图 4.46　确定组合框获取数值的方式

（3）在向导的第 2 步输入"2008"、"2009"等年份，如图 4.47 所示。然后单击"下一步"按钮。

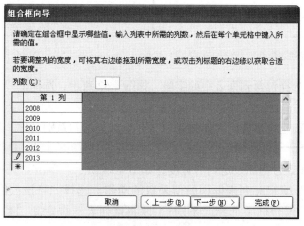

图 4.47　自动键入组合框中的值

（4）在向导第 3 步，确定组合框中输入的数值被记忆下来还是保存在字段中。此处选择"将该数值保存在这个字段中"选项，并在其右侧的组合框中选择"入学年份"，以将该组合框绑定到"入学年份"字段，如图 4.48 所示。

（5）为组合框指定标签"入学年份"，如图 4.49 所示。单击"完成"按钮，完成该组合框的创建。

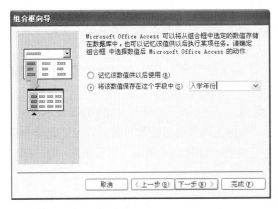
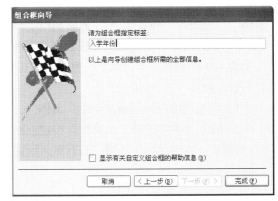

图 4.48　确定对组合框中的值采取的动作　　　　图 4.49　为组合框指定标签

（6）在工具箱中选择"列表框"按钮，然后在窗体的主体节合适位置单击，弹出"列表框向导"对话框。这次选择"使用列表框查阅表或查询中的值"选项，如图 4.50 所示。然后单击"下一步"按钮。

（7）向导第 2 步选择数据源为"系别"表，如图 4.51 所示。然后单击"下一步"按钮。

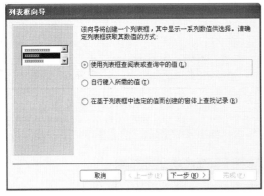
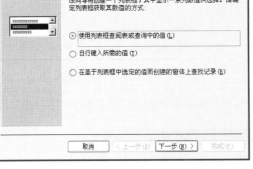

图 4.50　确定列表框获取数值的方式　　　　图 4.51　为组合框指定数据源

（8）向导第 3 步选择包含到列表中的字段，如图 4.52 所示，选择了"系别名称"字段。单击"下一步"按钮。

（9）向导第 4 步设定排序规则，如图 4.53 所示，选择按"系别名称"升序排列。单击"下一步"按钮。

（10）向导第 5 步通过拖动设定列的宽度，如图 4.54 所示。单击"下一步"按钮。

（11）向导第 6 步确定对列表框中的值采取的动作。选择"将该数值保存在这个字段中"选项，并在其右侧的组合框中选择"系别"，以将该列表框绑定到"系别"字段，如图 4.55 所示。

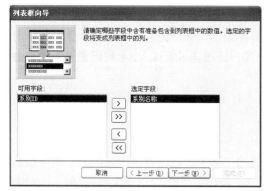

图 4.52　选定列表框中包含的字段

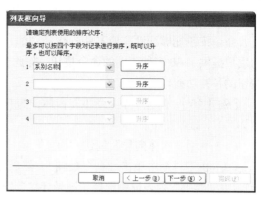

图 4.53　确定列表框排序规则

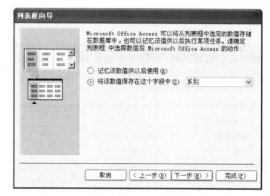

图 4.54　设定列表框中的列宽

图 4.55　确定对列表框中的值采取的动作

（12）为组合框指定标签"系别"，如图 4.56 所示。单击"完成"按钮，完成列表框的创建。如图 4.57 所示为在学生窗体添加了组合框和列表框后的效果。

列表框与组合框的功能和使用方法几乎一样，唯一的区别在于组合框不仅提供选择还支持输入，而列表框只提供选择的功能。本例分别通过"自行键入所需的值"和"使用列表框查阅表或查询中的值"两种方法创建了组合框和列表框，用户可根据实际情况选择不同方法。

　　如果表或查询中的字段存在重复值，组合框或列表框也会如实反映出来，此时采用"自行键入所需的值"的方法可避免重复值的出现，更为合适。

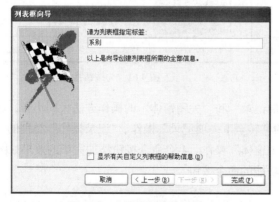

图 4.56　为列表框指定标签

图 4.57　组合框与列表框

### 6. 命令按钮

命令按钮能够帮助完成某些操作，例如，"打开窗体"、"保存记录"、"退出"等。按钮向导为用户提供了 30 多种不同的命令按钮，除此以外，用户还可通过宏或 VBA 编码来灵活实现命令按钮的各种功能。

【例 4.10】 创建一个"学生"窗体，为其添加"上一条"、"下一条"、"添加记录"和"关闭窗体" 4 个命令按钮。

（1）利用"窗体向导"创建"学生"窗体，如图 4.58 所示。

（2）在工具箱中单击"命令按钮"，然后在窗体的主体节合适位置单击，弹出"命令按钮向导"。在"类别"列表框中选择"记录导航"选项，在"操作"列表框中选择"转至前一项记录"，如图 4.59 所示。然后单击"下一步"按钮。

图 4.58　学生窗体

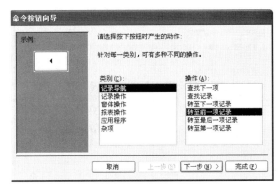

图 4.59　设定按下按钮时的动作

（3）在向导第 2 步单击"文本"选项，在其右侧的文本框中输入"上一条"。对话框左侧显示预览效果，如图 4.60 所示。然后单击"下一步"按钮。

（4）向导第 3 步为该按钮命名，以便以后引用，如图 4.61 所示。最后单击"完成"按钮。

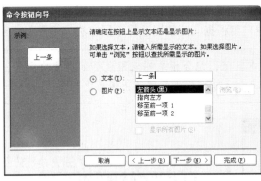

图 4.60　确定按钮的显示样式

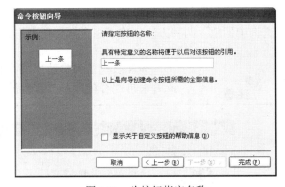

图 4.61　为按钮指定名称

（5）另外 3 个按钮："下一条"、"添加记录"和"关闭窗体"的操作方法大同小异，只是在向导第 1 步分别选择"记录导航"类别的"转至下一项记录"操作、"记录操作"类别的"添加新记录"操作和"窗体操作"类别的"关闭窗体"操作。4 个命令按钮添加完毕的效果如图 4.62 所示。用户还可以依此方法添加更多不同功能的命令按钮。

### 7. 图像

不仅可以在窗体上添加各种文本信息，还可以添加图像，以增加窗体的美观度。

【**例 4.11**】 创建"学生"窗体，为该窗体添加"华南农业大学"的校徽图样。

（1）利用"窗体向导"创建"学生"窗体，如图 4.63 所示。

图 4.62　命令按钮

图 4.63　学生窗体

（2）在工具箱中选择"图像"按钮，然后在窗体页眉的合适位置单击，弹出"插入图片"对话框，如图 4.64 所示。选择要插入的图片，单击"确定"按钮。图片插入成功，如图 4.65 所示。

图 4.64　"插入图片"对话框

图 4.65　图片控件（剪裁）

此时的图片显示效果并不理想。用户可进入设计视图，在该图片上双击，弹出图像的属性窗口。在"格式"选项卡的"缩放模式"项中共有 3 个缩放模式："剪裁"、"拉伸"、"缩放"。不同的缩放模式导致图片的显示效果各不相同。

"剪裁"：如图 4.65 所示。保持图片实际大小，则在垂直或水平方向上可能会有一部分内容丢失。

"拉伸"：保留图片的所有内容，让图片铺满控件区域，这样可能会导致形状发生改变，如图 4.66 所示。

"缩放"：保持图片形状，并显示图片全部内容，其垂直或水平方向上则可能会有部分区域空白，如图 4.67 所示。

图 4.66　图片控件（拉伸）

图 4.67　图片控件（缩放）

### 8. 选项卡

选项卡可以将大量内容分页显示，以便更好地利用空间。用户可通过单击选项卡上的标签在多个页面间切换，还可在选项卡中添加各种控件。

【例 4.12】为窗体添加选项卡。该选项卡由两个页面组成：第一个页面包含一个列表框，显示男生相关信息；第二个页面也包含一个列表框，显示女生相关信息。

（1）利用"设计视图"创建一个空白窗体。在工具箱中选择"选项卡"，然后在窗体的主体节合适位置单击，添加"选项卡"控件。

（2）在"选项卡"第一页的标题上双击，弹出"页 1"属性对话框。选择"格式"选项卡，在"标题"行输入"男"，如图 4.68 所示。这样便为第一页设置了标题。

（3）按照步骤（2）的方法继续为第二页设置标题"女"。

图 4.68　在属性对话框为页 1 设置标题

（4）选择工具箱中的"列表框"，然后在第一页内单击，弹出"列表框向导"对话框，选择"使用列表框查阅表或查询中的值"选项。

（5）单击"下一步"按钮，选择"男生信息"查询为数据源，如图4.69所示。

（6）单击"下一步"按钮，选择将"学号"、"姓名"等字段包含在列表框中，如图4.70所示。

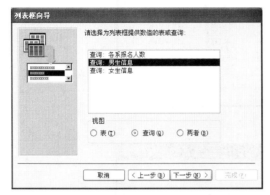

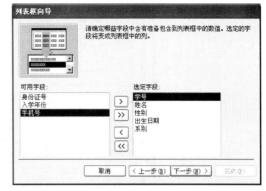

图4.69　为列表框选择数据源　　　　　　图4.70　选择包含到列表框中的字段

（7）单击"下一步"按钮，无需选择排序字段。继续单击"下一步"按钮，适当调整列宽等，如图4.71所示。

（8）仍然单击"下一步"按钮，确定"学号"为唯一标识行的字段，如图4.72所示。

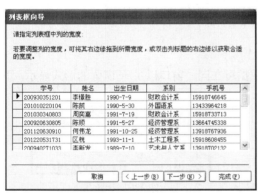

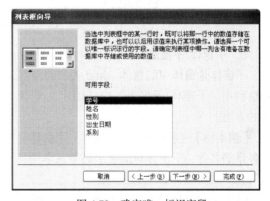

图4.71　调整列表框中的列宽　　　　　　图4.72　确定唯一标识字段

（9）单击"下一步"按钮，为列表框指定标签"男生信息"。然后单击"完成"按钮，完成选项卡第一页中列表框的添加。

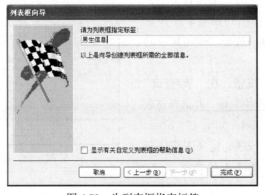

图4.73　为列表框指定标签

（10）再以相同方式继续为"选项卡"的第二页添加"女生信息"列表框。在"窗体视图"中查看完成后的效果，如图 4.74 和图 4.75 所示。

图 4.74　选项卡第一页

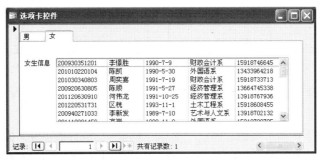

图 4.75　选项卡第二页

### 9. 子窗体/子报表

子窗体是窗体中的窗体，相互关联的两部分数据可在同一窗口以主/子窗体的形式显示。下面介绍利用"子窗体/子报表"控件创建主/子窗体的方法。

【例 4.13】 创建一个主/子窗体，主窗体显示各系别名称，子窗体对应显示每个系学生基本信息。

（1）在"设计视图"中创建名为"各系别学生信息"的纵栏式窗体，如图 4.76 所示。

（2）选择工具箱中的"子窗体/子报表"控件，在"系别名称"字段下方合适位置单击，添加一个子窗体。然后在弹出的如图 4.77 所示的"子窗体向导"对话框中选择"使用现有的表和查询"选项。

（3）单击"下一步"按钮，在"表/查询"组合框中选择数据源为"学生"表，并选择该表中的"学号"、"姓名"等字段，如图 4.78 所示。

（4）单击"下一步"按钮，定义主窗体与子窗体之间的链接字段，如图 4.79 所示。

图 4.76　主窗体

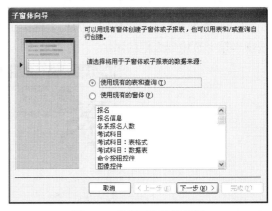

图 4.77　选择子窗体数据源

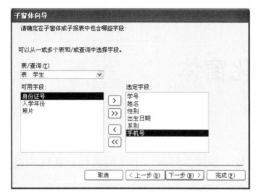
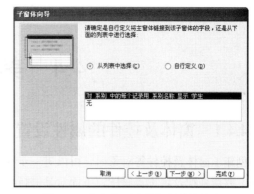

图 4.78　选择包含到子窗体中的字段　　　　　图 4.79　定义主/子窗体间的链接字段

（5）单击"下一步"按钮，为子窗体指定名称为"学生 子窗体"，如图 4.80 所示。

（6）单击"完成"按钮，显示如图 4.81 所示的主/子窗体效果。

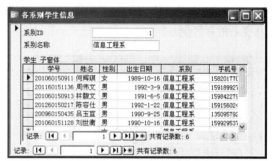

图 4.80　为子窗体指定名称　　　　　　　　图 4.81　主/子窗体

## 10. 其他控件

除了以上介绍的常用控件外，Access 还为用户提供了大量的 ActiveX 控件。如图 4.82 所示为窗体中显示的日历控件。

图 4.82　日历控件

创建这类 ActiveX 控件的方法很简单。例如要创建图 4.82 中的日历控件，只需要在"工具箱"中单击"其他控件"按钮，然后在出现的列表中选择"日历控件 11.0"即可。也可以执行"插入"菜单中的"ActiveX 控件"命令，在弹出的"插入 ActiveX 控件"对话框中选择"日历控件 11.0"，也能达到一样的效果。

# 4.4 美化窗体

## 4.4.1 窗体及控件的属性设置

创建了窗体及控件等对象后，可以进一步在对象（窗体、控件、节）的属性对话框中设置其格式、数据来源及名称等属性。下面对其进行简要介绍。

如图 4.83 所示为属性对话框，其最上端的组合框列出了窗体上的所有对象，用户可在该组合框中进行选择，以便对不同对象进行属性设置。图 4.83 所示即为"窗体"属性对话框。下方共有 5 个选项卡，分别为："格式"、"数据"、"事件"、"其他"和"全部"。其中，"格式"选项卡包含了对象的所有外观属性；"数据"选项卡包含了与数据源、数据操作相关的属性；"事件"选项卡包含了对象能够响应的所有事件；"其他"选项卡包含了"名称"等其他属性；"全部"选项卡则是前 4 个选项卡内容的综合。

图 4.84 则是窗体中某标签控件的属性对话框，在外观上与窗体的属性对话框几乎相同，仅在内容上稍有区别。

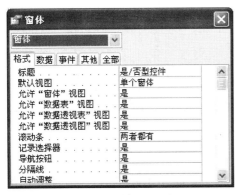

图 4.83　窗体属性对话框

图 4.84　标签控件属性对话框

用户可以用不同方式打开各对象属性对话框。方法 1：在欲操作的对象上双击便能打开对应的属性对话框。方法 2：在欲操作的对象上右击，在弹出的快捷菜单中执行"属性"命令，也能打开"属性"对话框。方法 3：选中欲操作的对象，单击工具栏上的"属性"按钮，一样可以打开"属性"对话框。打开对话框后，用户便可以在其中进行相关属性的设置了。例如，在"标签"属性对话框的"格式"选项卡中为标签设置"高度"、"宽度"、"前景色"、"字体名称"、"字号"等；在"窗体"属性对话框的"数据"选项卡中为窗体设置"记录源"；在"文本框"属性对话框的"其他"选项卡中为文本框设置"名称"等。

## 4.4.2 窗体中控件的对齐及尺寸设置

上节中介绍了如何在窗体中添加各种控件。然而随着控件的增多，如何使这些控件排布得更加整齐、美观，则是接下来应考虑的。仅仅通过鼠标拖动难以达到理想的效果，且操作烦琐，Access 为用户提供了更便捷的方式来对控件进行排布。

### 1. 控件尺寸的设置

控件添加完毕后，常常需要进一步修改其尺寸，以使界面显得整齐划一。多个控件，尤其是同一类型或同一系列的控件往往需要将其设置为相同尺寸。用户可以通过鼠标拖曳改变控件尺寸，也可以利用属性对话框来修改控件尺寸，但这些方法均烦琐、费时，并不理想。

例如要将多个标签设置为相同尺寸。更高效的方法是：选中欲操作的控件，单击"格式"菜单，然后执行"大小"|"至最宽/至最窄"命令，将标签宽度设为一致，再次执行"格式"菜单下的"大小"|"至最高/至最短"命令，将标签高度设为一致。

有时添加的控件尺寸过大而文字很少，导致控件中出现大片空白。或者控件过小而文字很多，导致控件上的文本不能完全显示。这时可执行"格式"菜单下的"大小"|"正好容纳"命令，使该控件正好容纳其上的文字。

### 2. 控件对齐

除了更快捷地设置控件尺寸，还可以高效地对齐多个控件。方法也很简单：选中欲操作的控件，单击"格式"菜单，然后执行"对齐"|"靠左/靠右/靠上/靠下"命令，便可实现多个控件的水平对齐及垂直对齐。

### 3. 控件间距的调整

设置了控件的尺寸及对齐后，进一步调整控件的间距，能更大程度地美化窗体。选中欲操作的控件，执行"格式"菜单下的"水平间距"|"相同/增加/减少"命令，能在水平方向上使控件间距相等，或增加、减少水平间距。再次执行"格式"菜单下的"垂直间距"|"相同/增加/减少"命令，则能在垂直方向上使控件间距相等，或增加、减少垂直间距。

## 4.4.3　添加日期/时间及页码

【例 4.14】 为"报名"窗体添加当前日期/时间及页码。

（1）在"设计视图"中打开"报名"窗体。

（2）单击"插入"菜单中的"日期和时间"命令，弹出"日期和时间"对话框。勾选"包含日期"复选框及下方第一个选项。继续勾选"包含时间"复选框及下方第一个选项。在对话框的下方可以看到预览效果，如图 4.85 所示。单击"确定"按钮，完成"日期/时间"的插入。

（3）再次单击"插入"菜单中的"页码"命令，弹出"页码"对话框。在"格式"区域选择"第N 页，共 M 页"选项，在"位置"区域选择"页面底端（页脚）"选项，再在"对齐"组合框中选择"中"，并勾选"首页显示页码"复选框，如图 4.86 所示。单击"确定"按钮，完成"页码"的插入。

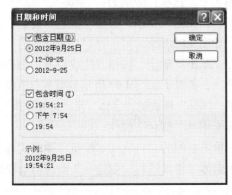

图 4.85　添加日期/时间

图 4.86　添加页码

（4）切换至窗体视图，查看插入的日期/时间及页码，如图4.87所示。

在图4.87中并没有看到页码。页码在窗体视图中并不出现，它仅在打印窗体时才显示。用户可单击"打印预览"按钮查看，如图4.88所示。

图4.87　报名窗体的窗体视图

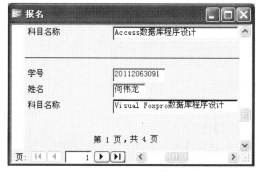

图4.88　报名窗体打印预览

## 4.4.4　自动套用格式

——设置窗体及控件等属性是一件繁重而枯燥的工作，况且不一定总能达到理想效果。Access为用户提供了更便捷的"自动套用格式"功能，来对窗体及窗体上的控件进行整体格式的设置，以使窗体外观更为美观、友好。

图4.89　自动套用格式

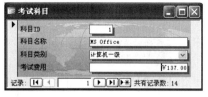

图4.90　套用了"国际"样式的窗体

【例4.15】为"考试科目"窗体自动套用"国际"格式，只应用其"字体"和"边框"属性，并将该样式作为一种新的样式添加到已有样式中。

（1）在"设计视图"中打开"考试科目"窗体。执行"格式"菜单中的"自动套用格式"命令，或单击工具栏中的"自动套用格式"按钮，弹出"自动套用格式"对话框。

（2）在对话框左侧的列表框中选择"国际"样式。然后单击右侧的"选项"按钮，对话框下方增加3个复选框，分别为："字体"、"颜色"、"边框"。根据题目要求，去除"颜色"复选框前的勾，如图4.89所示。

（3）单击"确定"按钮，完成设置。切换至窗体视图，实现了如图4.90所示的效果。该窗体应用了"国际"样式的"字体"及"边框"属性，并没有应用其"颜色"属性。

（4）接下来重新打开"自动套用格式"对话框，单击右侧的"自定义"按钮，弹出"自定义自动套用格式"对话框。选择第一个选项按钮"基于窗体'考试科目'创建一个新的自动套用格式"，如图4.91所示。

（5）单击"确定"按钮，弹出"新建样式名"对话框，在文本框中输入样式名"黑白国际"字样，如图 4.92 所示。

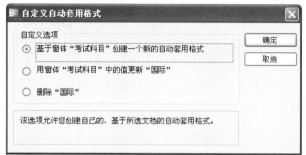

图 4.91　"自定义自动套用格式"对话框　　　　图 4.92　输入新样式名

（6）单击"确定"按钮，回到"自动套用格式"对话框，"黑白国际"样式添加成功，以后可直接套用，如图 4.93 所示。

为窗体自动套用格式前应选中整个窗体。若只选择某个控件，则只有该控件自动套用了格式，其他所有对象格式不改变；若只选择了窗体中的某节，也只有该节中的所有对象应用了格式，其他节格式不变。

图 4.93　将新格式添加到已有格式中

# 4.5　本章小结

窗体是用户与数据库的接口。本章首先介绍了窗体的基本概念，窗体的作用、类型、视图及组成等，然后着重阐述了窗体的创建方法。Access 为用户提供"自动创建窗体"、利用各种"向导"创建窗体及使用"设计视图"创建窗体等多种手段。

在窗体的设计视图中，可利用工具箱中提供的各种控件创建和修改窗体。窗体中的控件有 3种：绑定型控件、未绑定型控件和计算型控件。本章介绍了"标签"、"文本框"、"选项组"、"切换按钮"、"选项按钮"、"复选框"、"组合框"、"列表框"、"命令按钮"、"图像"、"选项卡"及"子窗体/子报表"等常用控件的使用规则。

窗体及控件建立之后，仍可以利用属性对话框对其属性进行设置和修改。除此之外，Access还为用户提供了更为便捷、高效的方法来设置控件尺寸、位置及对齐方式等。同时还提供了"自动套用格式"功能，以便一次性设置窗体中字体、线条、背景色等外观属性。

# 4.6 练 习

## 1. 选择题

（1）在窗体中为了更新数据表中的字段，要选择相关的控件，正确的控件选择是（ ）。
（2012 年 3 月计算机二级 Access 试题）

    A. 只能选择绑定型控件

    B. 只能选择计算型控件

    C. 可以选择绑定型或计算型控件

    D. 可以选择绑定型、非绑定型或计算型控件

（2）已知教师表"学历"字段的值只可能是四项（博士、硕士、本科或其他）之一，为了方便输入数据，设计窗体时，学历对应的控件应该选择（ ）。（2012 年 3 月计算机二级 Access 试题）

    A. 标签        B. 文本框        C. 复选框        D. 组合框

（3）下列属性中，属于窗体的"数据"类属性的是（ ）。（2011 年 9 月计算机二级 Access 试题）

    A. 纪录源        B. 自动居中        C. 获得焦点        D. 记录选择器

（4）在窗体设计工具箱中，代表组合框的图标是（ ）。（2008 年 9 月计算机二级 Access 试题）

    A.         B.         C.         D.

（5）要改变窗体上文本框控件的输出内容，应设置的属性是（ ）。（2008 年 9 月计算机二级 Access 试题）

    A. 标题        B. 查询条件        C. 控件来源        D. 记录源

（6）能接受数值型数据输入的窗体控件是（ ）。（2008 年 4 月计算机二级 Access 试题）

    A. 图形        B. 文本框        C. 标签        D. 命令按钮

（7）在窗体中，用来输入或编辑字段数据的交互控件是（ ）。（2008 年 4 月计算机二级 Access 试题）

    A. 文本框控件        B. 标签控件        C. 复选框控件        D. 列表框控件

## 2. 填空题

（1）窗体由多个部分组成，每个部分称为一个_____。（2007 年 9 月计算机二级 Access 试题）

（2）在 Access 数据库中，如果在窗体上输入的数据总是取自表或查询中的字段数据，或者取自某固定内容的数据，可以使用_____控件来完成。（2006 年 9 月计算机二级 Access 试题）

# 第5章
# 报表

报表也是 Access 数据库 7 种基本对象之一，用于将表或查询的数据以格式化的形式显示和打印出来，并且可以在报表中进行数据的排序、汇总等操作。但报表只为用户提供了查看数据的方式，用户不能通过报表输入和修改数据。本章主要介绍报表的基本概念及报表的创建和编辑等操作方法。

## 5.1　认识报表

### 5.1.1　报表的作用

报表可以以数据库中的表、查询或 SQL 语句为数据源，以格式化的形式显示和打印其中数据。报表可以对数据进行排序、分组、计算、汇总、统计等操作，还能将数据以各种样式排版，打印输出。除此以外，报表中还可以嵌入图像等元素，以丰富数据显示，美化外观。

报表与窗体在很多方面极为相似，同时也有着本质的区别。

* 共同点：窗体和报表的数据来源都是表、查询和 SQL 语句；窗体和报表设计视图的外观也极为类似，工具箱中的控件及其使用方法基本相同；常见的窗体和报表类型也有一些是重叠的。

* 不同点：窗体主要提供一种交互方式，以供用户向数据库中输入数据等；报表主要是以格式化的形式输出和打印数据，而不能进行输入操作。

### 5.1.2　报表的类型

#### 1. 纵栏式报表

纵栏式报表是最常见的报表类型之一。纵栏式报表以垂直方式显示记录中的各个字段，一页可以显示一到多条记录。在该类型的报表中，所有字段的字段名及其对应的字段值均显示在报表的"主体"节。如图 5.1 所示的"考试科目"报表即为纵栏式报表。

#### 2. 表格式报表

表格式报表也是常见的报表类型。表格式报表以垂直方式显示记录，通常一行显示一条记录，一页显示多行记录。在该类型的报表中，所有字段的字段名通常在页眉区显示，其对应的字段值则显示在"主体"节中。如图 5.2 所示的"考试科目"报表即为表格式报表。

#### 3. 图表报表

包含了图表显示的报表即为图表报表。报表中的图表能够将数据以更直观的形式显示出来，方便用户查看。Access 2003 为用户提供了多种图表类型：柱状图、条形图、折线图和饼图等。如图 5.3 所示的"学生人数统计"报表即为图表报表。

### 4. 标签报表

标签报表是一种较为特殊的报表类型。它采用了日常生活中常见的商品标签、货物标签等标签的形式。如图 5.4 所示的"学生联系方式"报表为标签报表。

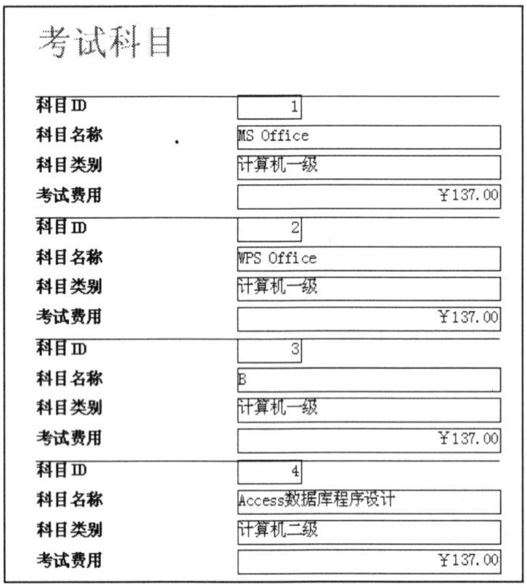

图 5.1　纵栏式报表

图 5.2　表格式报表

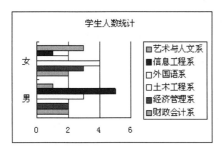

图 5.3　图表报表

图 5.4　标签报表

## 5.1.3　报表的视图

### 1. "设计"视图

"设计"视图主要用于创建和修改报表结构，如图 5.5 所示。在该视图下，用户可以灵活地设置数据源，可以根据需要为报表添加各种控件、调整报表布局等，还可以在此完成对数据的排序、分组和统计计算等操作。

### 2. "打印预览"视图

"打印预览"视图如图 5.1 所示，用于在打印报表之前对该报表的页面数据输出形态进行预览。该视图下用户可调整报表的显示比例，以同时查看一个或多个页面。

### 3. "版面预览"视图

"版面预览"视图也提供在打印报表之前对该报表的预览，外观与"打印预览"视图完全相同，但这种视图主要用于查看报表的版面设置。当报表的数据量较大时，"版面预览"视图并不会显示所有数据，而"打印预览"视图则会显示全部数据细节。

图 5.5　报表的设计视图

# 5.2　使用向导创建报表

与窗体一样，报表也可以通过使用向导来快速创建，或者利用设计视图来手动创建。本节介绍利用向导创建报表的各种方法。

## 5.2.1　自动创建报表

Access 一共提供了两种"自动创建报表"的方法，分别是"自动创建报表：纵栏式"和"自动创建报表：表格式"。下面以纵栏式报表的创建为例进行说明。

【例 5.1】 以"考试科目"表为数据源，使用"自动创建报表"的方法创建纵栏式报表。

（1）在"数据库"窗口中选择"报表"对象，然后单击"新建"按钮 新建(N)。

（2）在弹出的"新建报表"对话框中选择"自动创建报表：纵栏式"，并在"请选择该对象数据的来源表或查询"组合框中选择"考试科目"表，如图 5.6 所示。

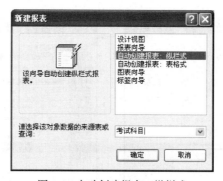

图 5.6　自动创建报表：纵栏式

（3）单击"确定"按钮，便能自动创建如图 5.1 所示的纵栏式报表。

（4）单击工具栏上的"保存"按钮，保存报表。

## 5.2.2 使用向导创建报表

### 1. 使用"报表向导"创建报表

利用"自动创建报表"的方法创建报表无法进行更多个性化设置，而利用"窗体向导"的方法则可以更灵活地根据各种需求来创建不同的报表。

【例 5.2】以"学生"表为数据源，利用"报表向导"创建名为"学生"的报表。该报表显示"学号"、"姓名"等信息，以"系别"字段分组并按照"学号"字段升序排列，采用"递阶"布局方式、"大胆"样式。

（1）在"新建报表"对话框中选择"报表向导"，单击"确定"按钮，弹出"报表向导"对话框。

（2）在"表/查询"组合框中选择数据源"学生"表，下方的"可用字段"列表框便自动显示"学生"表的所有字段。选择其中的"学号"、"姓名"、"性别"等字段，它们会被自动添加到右侧的"选定的字段"列表框中，如图 5.7 所示。

（3）单击"下一步"按钮，双击"系别"，将其指定为分组字段，如图 5.8 所示。

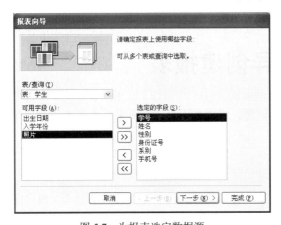

图 5.7 为报表选定数据源

图 5.8 为报表指定分组字段

（4）单击"下一步"按钮，将报表数据设置为按"学号"字段升序排列。在第一个组合框中选择"学号"字段，并保持其右侧按钮为"升序"状态，如图 5.9 所示。

（5）单击"下一步"按钮。选择窗体样式为"递阶"，方向为"纵向"，如图 5.10 所示。

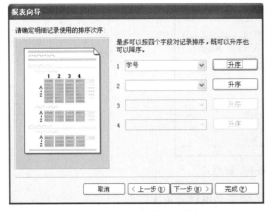

图 5.9 设置报表数据排序规则

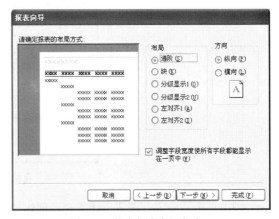

图 5.10 指定报表布局方式

（6）单击"下一步"按钮。在列表框中选择报表的样式为"大胆"，如图 5.11 所示。

（7）单击"下一步"按钮。在文本框中输入报表标题"学生"，如图 5.12 所示。

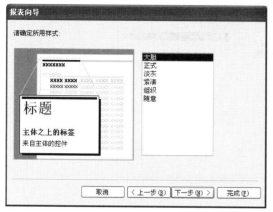

图 5.11　指定报表样式

图 5.12　为报表指定标题

（8）单击"完成"按钮，创建了如图 5.13 所示的报表。

图 5.13　使用报表向导创建的报表

### 2. 使用"图表向导"创建图表报表

"图表向导"用于创建图表报表，以便更直观地显示表或查询中的数据，其创建方法与图表窗体的创建方法大同小异。

【例 5.3】 以"学生"表为数据源，利用"图表向导"创建名为"学生人数统计"的图表报表，统计各系不同性别的学生人数信息，以条形图显示结果。

（1）在"新建报表"对话框中选择"图表向导"，并在"请选择该对象数据的来源表或查询"组合框中选择"学生"，单击"确定"按钮，弹出"图表向导"对话框。

（2）在"可用字段"列表框中选择"学号"、"性别"和"系别"字段，如图 5.14 所示。

（3）单击"下一步"按钮，选择图表类型为"条形图"，如图 5.15 所示。

图 5.14　选择用于图表的字段

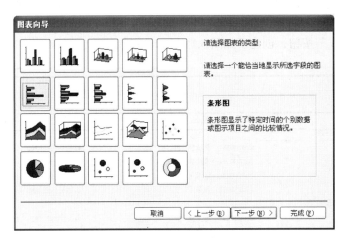

图 5.15　选择图表类型

（4）单击"下一步"按钮，将选中的字段拖至各相应位置，如图 5.16 所示。

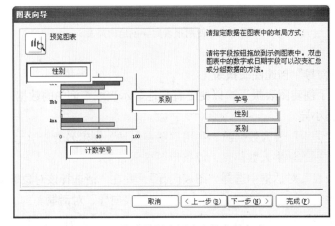

图 5.16　指定数据在图表中的布局方式

（5）单击"下一步"按钮，为报表指定标题"学生人数统计"，如图 5.17 所示。再单击"完成"按钮，便创建了如图 5.3 所示的图表报表。

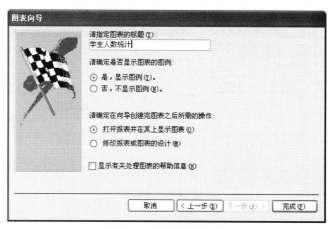

图 5.17　指定图表标题

### 3．使用"标签向导"创建标签报表

"标签向导"用于创建标签报表，以便将主要信息简明扼要地以标签的形式显示，更直观地展现了表或查询中的数据。

【例 5.4】以"学生"表为数据源，利用"标签向导"创建如图 5.4 所示的名为"学生联系方式"的标签报表。

（1）在"新建报表"对话框中选择"标签向导"，并在"请选择该对象数据的来源表或查询"组合框中选择"学生"表，单击"确定"按钮，自动弹出"标签向导"对话框。

（2）该对话框第一步用于设定标签尺寸。这里选择"C2180"型号，其尺寸为 21mm×15mm，如图 5.18 所示。该类型标签报表每行可以放置 3 个。

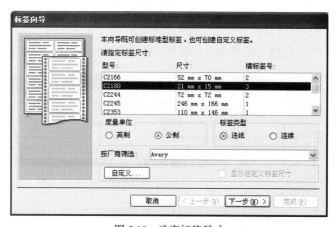

图 5.18　选定标签尺寸

（3）单击"下一步"按钮，设定标签文字的字体、字号、字体粗细、文本颜色等，如图 5.19 所示。

（4）单击"下一步"按钮，选择标签的显示内容，用户可以在"可用字段"列表框中选择要显示的字段，也可以自行输入若干字符。如图 5.20 所示，从"可用字段"列表框中选择"姓名"和"手机号"字段。然后在"原型标签"中这两个字段之间输入一个冒号"："。

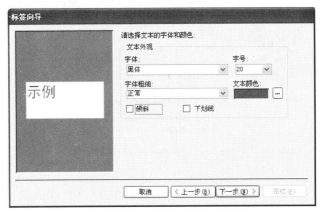

图 5.19　选定标签上文本的格式

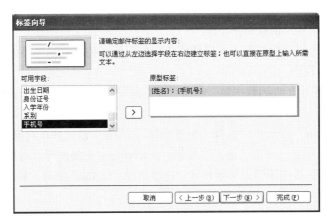

图 5.20　设定原型标签

（5）单击"下一步"按钮，选择标签的排序依据为"学号"，如图 5.21 所示。

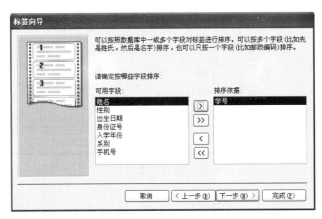

图 5.21　指定标签的排序依据

（6）单击"下一步"按钮，为报表指定标题"学生联系方式"。最后单击"完成"按钮，便可完成如图 5.4 所示标签报表的创建。

# 5.3　利用设计视图创建报表

## 5.3.1　报表设计视图的组成

报表的设计视图由 7 节组成，从上至下分别是报表页眉、页面页眉、组页眉、主体、组页脚、页面页脚和报表页脚，如图 5.22 所示。

图 5.22　报表的设计视图

* **报表页眉**：位于报表顶端，一般用于显示报表标题、说明性文字、日期时间或图形等。
* **页面页眉**：出现在每一页的上方，主要用于显示数据的字段名及分组名称。
* **组页眉**：出现在报表中每个分组的上方，主要安排文本框或其他控件以显示分组字段的值。图 5.22 中的报表按照系列分组，因此组页眉标题显示为"系列页眉"。
* **主体**：通常用来显示记录数据，是报表的核心部分。
* **组页脚**：出现在报表中每个分组的下方，主要用来显示该组记录的分组统计信息和说明文字等，与组页面可以根据需要单独设置使用。
* **页面页脚**：出现在每一页的下方，用于在报表页面下方设置信息，如每一页的汇总说明及页码等，与页面页眉成对出现。
* **报表页脚**：位于报表最后面，一般用于显示整个报表的汇总信息或说明文字，与报表页眉成对出现。

## 5.3.2　在设计视图中创建报表

【**例 5.5**】　在设计视图中创建"学生"表格式报表，显示学生的"学号"、"姓名"、"性别"及"系列"信息。

（1）在"新建报表"对话框中选择"设计视图"，并在"请选择该对象数据的来源表或查询"组合框中选择"学生"（此时也可不选数据源，以后再设置），单击"确定"按钮，进入空白的报表设计视图。

（2）首先在"报表页眉"节添加标签。输入标签的标题为"学生"，并适当调整标签格式，以达到理想的显示效果。

（3）将"字段列表"中的"学号"、"姓名"等字段拖至"设计视图"的"主体"节，如图 5.23 所示。

（4）将"主体"节中的各字段标题移至"页面页眉"节（此时无法通过鼠标拖动，只能利用剪切、粘贴等方式移动），然后调整所有控件的大小、位置、对齐方式等，如图 5.24 所示。

图 5.23　在设计视图中添加字段

图 5.24　将字段名移至页面页眉处

（5）单击工具栏的"打印预览"按钮，"学生"报表的预览效果如图 5.25 所示。

## 学生

| 学号: | 姓名: | 性别: | 系别: |
| --- | --- | --- | --- |
| 200930351201 | 李愫胜 | 男 | 财政会计系 |
| 201010220104 | 陈凯 | 男 | 外国语系 |
| 201030340803 | 周奕嘉 | 男 | 财政会计系 |
| 201140270205 | 王文芬 | 女 | 艺术与人文系 |
| 200920630805 | 陈顺 | 男 | 经济管理系 |
| 201040280821 | 周玉沉 | 女 | 艺术与人文系 |
| 201230351342 | 陈楚榕 | 女 | 财政会计系 |
| 201120630910 | 何伟龙 | 男 | 经济管理系 |
| 201060150911 | 何辉琪 | 女 | 信息工程系 |

图 5.25　设计视图中创建表格式报表

### 5.3.3　创建主/子报表

子报表是嵌入在其他报表中的报表。主报表可以包含子报表，也可以包含子窗体。在子报表和子窗体中还可以继续包含子报表及子窗体，但最多只能包含两级。创建主/子报表的方法有多种，下面通过实例进行介绍。

【例 5.6】创建一个"各系学生信息"的主/子报表，主报表显示系别信息，子报表显示各系学生信息。

方法 1：使用工具箱中的"子窗体/子报表"控件在已有报表中创建子报表。

（1）利用报表向导创建名为"各系学生信息"的纵栏式窗体，显示系别信息。适当调整其布局，如图 5.26 所示。

（2）选择工具箱中的"子窗体/子报表"控件，在报表主体下方空白位置单击，添加一个子报表。弹出如图 5.27 所示的"子报表向导"对话框，在该对话框中选择"使用现有的表和查询"选项。

图 5.26　系别主报表

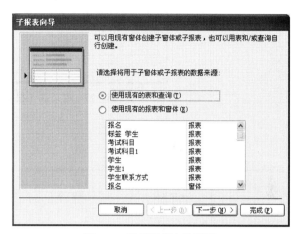

图 5.27　选择子报表数据源

（3）单击"下一步"按钮，在"表/查询"下的组合框中选择数据源为"学生"，并在下方的列表框中选择该表中的"学号"、"姓名"、"性别"等字段，如图 5.28 所示。

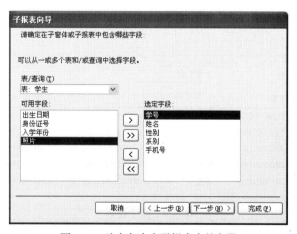

图 5.28　选定包含在子报表中的字段

（4）单击"下一步"按钮，定义主报表与子报表之间的链接字段。此处保持默认即可，如图 5.29 所示。也可"自行定义"，设置"窗体/报表字段"为"系别名称"，"子窗体/子报表字段"为"系别"。

（5）单击"下一步"按钮，为子报表指定名称为"学生"。

（6）单击"完成"按钮，在设计视图中适当调整版面布局等外观，然后进入"打印预览"视图，主子报表效果如图 5.30 所示。

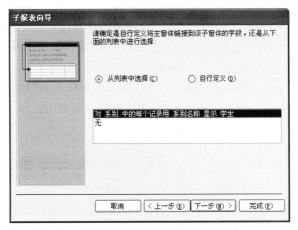

图 5.29　定义主/子报表间的链接字段

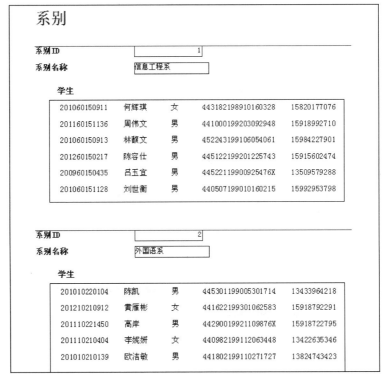

图 5.30　主/子报表

方法 2：将已有报表添加到其他已有报表中创建子报表。

（1）创建如图 5.26 所示的"系别"主报表。

（2）创建"学生"子报表，如图 5.31 所示。

（3）在设计视图中打开作为主报表的"系别"报表。然后从"数据库"窗体中将作为子报表的"学生"报表拖至主报表中需要插入子报表的位置。这样就将一个子报表添加到主报表中了。

（4）在设计视图中适当调整版面布局。然后进入"打印预览"视图查看，也实现了图 5.30 所示的主子报表效果。

| 学号 | 姓名 | 性别 | 身份证号 | 手机号 |
| --- | --- | --- | --- | --- |
| 200930351201 | 李慑胜 | 男 | 440221199007096982 | 15918746645 |
| 201010220104 | 陈凯 | 男 | 445301199005301714 | 13433964218 |
| 201030340803 | 周奕嘉 | 男 | 440402199107199133 | 15918733713 |
| 201140270205 | 王文芬 | 女 | 440811199101200622 | 15918705462 |
| 200920630805 | 陈顺 | 男 | 441012199105276221 | 13664745338 |
| 201040280821 | 周玉沉 | 女 | 440883198901102630 | 15918798239 |
| 201230351342 | 陈楚榕 | 女 | 445781199206025920 | 15975567475 |
| 201120630910 | 何伟龙 | 男 | 440111199110252213 | 13918767936 |
| 201060150911 | 何辉琪 | 女 | 443182198910160328 | 15820177076 |
| 201210210912 | 黄雁彬 | 女 | 441622199301062583 | 15918792291 |
| 201220531731 | 区桄 | 男 | 440802199311010028 | 15918608455 |
| 200940271033 | 李新发 | 男 | 441426198907101683 | 13918702132 |
| 201020631407 | 陈楚妮 | 女 | 440582199106121355 | 15918712472 |

图 5.31　学生子报表

方法 3：链接主/子报表。

（1）创建如图 5.26 所示的"系别"报表。

（2）在"系别"报表的设计视图中添加"子窗体/子报表"控件。然后打开其属性对话框的"数据"选项卡，在"源对象"属性框中选择子报表数据源"报表.学生"，在"链接子字段"属性框中输入子报表中链接字段的名称"系别"，在"链接主字段"属性框中输入主报表中链接字段的名称"系别名称"，如图 5.32 所示。难以确定时，可打开属性框右侧的"生成器" […]，以辅助完成链接字段的设置。

图 5.32　在属性对话框链接主/子报表

（3）在设计视图中适当调整版面布局。然后进入"打印预览"视图查看，也实现了图 5.30 所示的主/子报表效果。

# 5.4　编辑报表

## 5.4.1　为报表添加分页符及直线、矩形

### 1．为报表添加分页符

在报表中，分页符可以控制数据另起一页显示。事实上该控件也存在于窗体的工具箱中，但它在报表中的应用更为广泛，非常简单便可以做到分页显示或打印不同数据，这也是实际应用中经常需要的。

【例 5.7】为"学生"报表添加分页符，使该报表每页只显示一位学生信息。

（1）利用报表向导创建"学生"报表，如图 5.33 所示。

（2）打开报表的设计视图，选择工具箱中的"分页符"按钮，然后在最后一个字段下面单击，分页符便以短虚线的形式显示在报表左边界上，如图 5.34 所示。

（3）进入"打印预览"视图查看，报表中每页只显示一位学生记录，如图 5.35 所示。

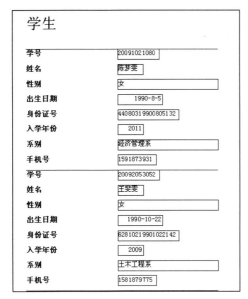

图 5.33　学生报表

图 5.34　在最后一个字段下添加"分页符"

图 5.35　添加分页符后的学生报表

　　　　分页符控件尽量不要叠放在控件上，以免将控件及控件中的数据拆分，增加阅读困难。

### 2. 为报表添加直线、矩形

合理利用工具箱中的"直线"、"矩形"控件可以达到更好的报表显示效果。如图 5.30 所示的主/子报表便是利用了"直线"和"矩形"控件来对版面进行了更好的修饰和美化。

添加"直线"和"矩形"控件的方法与添加其他控件并没有什么不同。用户可以在工具箱中选择"直线"或"矩形"控件，然后在报表的适当位置单击创建默认大小的控件或通过鼠标拖动来创建自定义大小的控件。添加了"直线"和"矩形"控件后，也可以继续利用属性对话框对其线条颜色、线条宽度、线条样式等属性进一步进行设置。

## 5.4.2　自动套用格式

与窗体一样，Access 也为报表提供了"自动套用格式"功能，能一次性改变报表中字体、线条、背景色等外观属性，便捷且高效。该操作与在窗体中自动套用格式的方法相同，此处不再赘述。

如图 5.36 所示为自动套用了"组织"格式的报表。在为报表套用格式前也应选中整个报表,否则将只为当前选中的对象套用格式。

图 5.36　自动套用组织格式的报表

### 5.4.3　为报表添加背景图案

【例 5.8】 为 5.4.2 小节中的"考试科目"报表添加背景图案。

（1）在"设计视图"中打开"考试科目"报表。

（2）打开该报表的"属性"对话框,并选择"格式"选项卡。在该选项卡的"图片"属性框中直接输入图片路径及名称,或单击右侧的浏览按钮,在对话框中选择要添加的图片。选好图片后,该图片的路径自动被添加在图片框中,如图 5.37 所示。

（3）用户还可以设置图片的其他属性。利用"图片类型"的"嵌入"或"链接"选项设置图片是否实际存储在该报表中;利用"图片缩放模式"的"剪裁"、"拉伸"和"缩放"选项来对图片大小、形状进行调整;使用"图片对齐方式"的"左上"、"右上"、"中心"等来设定图片对齐等。添加背景图片后稍作调整的报表效果如图 5.38 所示。

图 5.37　添加背景图片　　　　　图 5.38　添加背景图片后的报表

3

### 5.4.4　为报表添加日期/时间和页码

【例5.9】　为"考试科目"报表添加当前日期/时间和页码。

方法1：利用"插入"菜单为报表添加日期/时间和页码。

（1）在"设计视图"中打开"考试科目"报表。

（2）单击"插入"菜单中的"日期和时间"命令，弹出"日期和时间"对话框。在该对话框中勾选"包含日期"复选框及第一种日期格式。继续勾选"包含时间"复选框及第一种时间格式，如图5.39所示。

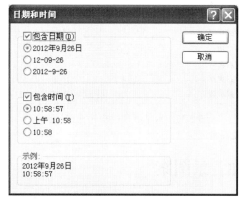

图5.39　选择日期和时间格式

（3）单击"确定"按钮，Access自动在"考试科目"报表的"报表页眉"处添加了日期和时间。用户可将其拖至其他位置，如页面页脚处等。

（4）再次单击"插入"菜单的"页码"命令，弹出"页码"对话框。在"格式"区域选择"第N页，共M页"选项，在"位置"区域选择"页面底端（页脚）"选项。并在组合框中选择"右"对齐，最后勾选"首页显示页码"复选框，如图5.40所示。

（5）单击"确定"按钮，成功在指定位置为报表添加了页码。在"打印预览"视图中查看，添加了日期/时间和页码的报表效果如图5.41所示。

图5.40　选择页码格式

图5.41　在报表中插入日期和时间

方法2：自定义表达式创建时间/日期和页码。

（1）在"设计视图"中打开"考试科目"报表。

（2）在报表合适位置添加 3 个"文本框"控件。将其中两个添加在页面页脚左侧，一个添加在页面页脚右侧。

（3）在第一个文本框中输入表达式：=Date()，用于添加日期；在第二个文本框中输入表达式：=Time()，用于添加时间；在第三个文本框中输入表达式：="第 " & [Page] & " 页，共 " & [Pages] & " 页"，用于添加页码。

（4）进入"打印预览"视图查看，在报表页面页脚指定位置成功添加了如图 5.41 所示的日期/时间和页码，效果与方法 1 相同。

> Date()和 Time()为 Access 自带的日期/时间函数，分别用于获取当前的系统日期和当前系统时间。而 Page 和 Pages 均为 Access 中的内置变量，[Page]代表当前页码，[Pages]表示总页数。用户可以将这两个函数及变量以不同方式搭配使用，以得到不同的日期/时间和页码显示样式。

# 5.5　报表的排序和分组

在实际应用中，人们对报表的要求不仅仅限于将数据库中的数据直接输出和打印，而往往对其有着更严格的限定及更多的需求。例如，在统计和输出学生信息时，希望能按系别分组统计各系学生情况，并按学号将学生信息排序。报表的"排序和分组"便能满足上述需求。

## 5.5.1　记录排序

报表中的记录默认是按照数据输入的先后顺序排列显示的，但人们往往需要按照某种特定次序打印报表中的数据。此时便可使用记录排序功能，它不仅能实现单一字段排序，还能实现最多 10 个字段或字段表达式的复杂排序。

【例 5.10】将"学生"报表中的记录首先按照"系别"降序排列，然后按照"学号"升序排列。

（1）在"设计视图"中打开"学生"报表。

（2）单击"视图"菜单的"排序与分组"命令，弹出"排序与分组"对话框。

（3）在"字段/表达式"列的第一行选择第一排序字段为"系别"，"排序次序"列选择"降序"；然后在第二行选择第二排序字段为"学号"，"排序次序"为"升序"，如图 5.42 所示。

图 5.42　为报表设置排序规则

（4）单击工具栏的"打印预览"按钮，可看到如图 5.43 所示的记录排序效果。

学生

| 系别 | 学号 | 姓名 | 性别 | 身份证号 |
|---|---|---|---|---|
| 艺术与人文系 | 200940271033 | 李新发 | 男 | 44142619890710168 |
| 艺术与人文系 | 201040280821 | 周玉沉 | 女 | 44088319890110263 |
| 艺术与人文系 | 201140270205 | 王文芬 | 女 | 44081119910120062 |
| 艺术与人文系 | 201240281341 | 洪婉君 | 女 | 44152219940808031 |
| 信息工程系 | 200960150435 | 吕玉宜 | 男 | 44522119900925476 |
| 信息工程系 | 201060150911 | 何辉琪 | 女 | 44318219891016032 |
| 信息工程系 | 201060150913 | 林馥文 | 男 | 45224319910605406 |
| 信息工程系 | 201060151128 | 刘世衡 | 男 | 44050719901016021 |
| 信息工程系 | 201160151136 | 周伟文 | 男 | 44100019920309294 |
| 信息工程系 | 201260150217 | 陈容仕 | 男 | 44512219920122574 |
| 外国语系 | 201010210139 | 欧洁敏 | 男 | 44180219911027172 |
| 外国语系 | 201010220104 | 陈凯 | 男 | 44530119900530171 |

图 5.43　按照系别降序学号升序排列的报表

## 5.5.2　记录分组

有时人们需要将记录按照某个或某几个字段进行分组，即将某个或某几个字段值相等的记录分为一组，字段值不相等的记录分为不同组，以便进行分组汇总统计。如统计各系别学生情况，则需按照“系别”字段分组；统计报名各门考试的学生信息，则需按“考试科目”字段进行分组。

【例 5.11】 创建“报名”报表，按“科目名称”分组，统计每门科目的学生信息及报名人数，按照“科目名称”及“学号”升序排列。

（1）利用“报表向导”创建表格式“报名”报表，如图 5.44 所示。

报名

| 科目名称 | 学号 | 姓名 | 身份证号 | 系别 | 手机号 |
|---|---|---|---|---|---|
| MS Office | 201210210 | 黃雁彬 | 44162219930106 | 外国语系 | 159187922 |
| MS Office | 200940271 | 李新发 | 44142619890710 | 艺术与人文系 | 139187021 |
| WPS Office | 201040280 | 周玉沉 | 44088319890110 | 艺术与人文系 | 159187982 |
| WPS Office | 201240281 | 洪婉君 | 44152219940808 | 艺术与人文系 | 159187321 |
| WPS Office | 201110210 | 李妮妍 | 44098219911206 | 外国语系 | 134226353 |
| WPS Office | 201010210 | 欧洁敏 | 44180219911027 | 外国语系 | 138247434 |
| B | 201110221 | 高岸 | 44290019921109 | 外国语系 | 159187227 |

图 5.44　报名报表

（2）在该报表的“设计视图”中单击“视图”菜单的“排序与分组”命令，弹出“排序与分组”对话框。

（3）在“字段/表达式”列的第一行选择分组字段为“科目名称”，“排序次序”为“升序”。然后在对话框下半部分的“组属性”处，将“组页眉”和“组页脚”属性设置为“是”，以便在报表中显示“组页眉”和“组页脚”节（此时若不选“是”，则只进行了排序而没有实现分组）。

（4）然后在“字段/表达式”列的第二行选择排序字段为“学号”，“排序次序”为“升序”，如图 5.45 所示。

图 5.45　设置排序与分组

（5）"排序与分组"对话框设置完毕后，设计视图中出现"科目名称页眉"和"科目名称页脚"节。将"科目名称"文本框移至"科目名称页眉"的适当位置。

（6）在"科目名称页脚"的适当位置添加一个文本框，修改其附加标签的标题为"报名人数:"，并在该文本框中输入计算表达式"=Count([学号])"，如图 5.46 所示。

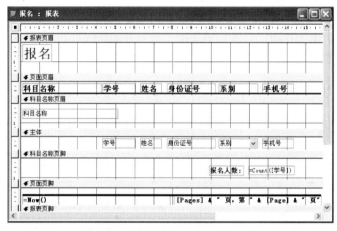

图 5.46　设置组页眉、组页脚的内容

（7）进入"打印预览"视图，查看数据的预览效果，如图 5.47 所示。所有记录按"科目名称"分组，并按"科目名称"及"学号"升序排列，每组结束时统计该科目报名人数。

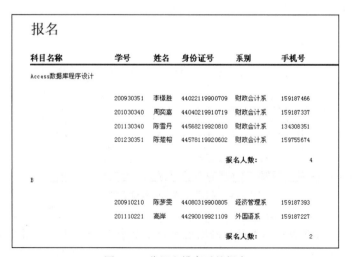

图 5.47　分组和排序后的报表

# 5.6 报表计算

## 5.6.1 计算控件的使用

报表不仅能将数据库中的数据直接显示出来，而且能对这些数据进行各种计算并显示最终结果。对数据的计算需要用到"计算控件"，简单来说，就是为控件的控件来源绑定某个计算表达式。如例 5.11 中对报名人数的计算，便是在文本框中绑定了计算表达式"=Count([学号])"。

【例 5.12】 在"学生"报表中计算每位学生的年龄，并将计算结果在报表中显示。

（1）打开"学生"报表的"设计视图"。在主体节适当位置添加一个文本框控件，并将该文本框附加标签移至页面页眉合适位置，标题改为"年龄"。

（2）在文本框中输入计算表达式"=Year(Date())-Year([出生日期])"，如图 5.48 所示。或者打开该文本框的属性对话框，选择"数据"选项卡，在"控件来源"属性框中输入计算表达式"=Year(Date())-Year([出生日期])"。难以确定时，可打开属性框右侧的"生成器"，以辅助完成计算表达式的设置。

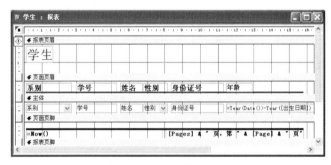

图 5.48 添加计算文本框

（3）适当调整控件大小、位置等属性后，进入报表的"打印预览"视图，查看数据的预览效果，如图 5.49 所示。

| 系别 | 学号 | 姓名 | 性别 | 身份证号 | 年龄 |
|---|---|---|---|---|---|
| 艺术与人文系 | 200940271033 | 李新发 | 男 | 44142619890710168 | 23 |
| 艺术与人文系 | 201040280821 | 周玉沅 | 女 | 44088319890110263 | 23 |
| 艺术与人文系 | 201140270205 | 王文芬 | 女 | 44081119910120062 | 21 |
| 艺术与人文系 | 201240281341 | 洪婉君 | 女 | 44152219940808031 | 18 |
| 信息工程系 | 200960150435 | 吕玉宜 | 男 | 44522119900925476 | 22 |
| 信息工程系 | 201060150911 | 何瑞琪 | 女 | 44318219891016032 | 23 |
| 信息工程系 | 201060150913 | 林馥文 | 男 | 45224319910605406 | 21 |
| 信息工程系 | 201060151128 | 刘世衡 | 男 | 44050719901016021 | 22 |

图 5.49 利用计算控件自动计算年龄

**注意** 计算控件中填入的计算表达式必须以等号"="开头。最常见的计算控件便是文本框。

除了例 5.12 中的日期时间函数，Access 还为用户提供了许多其他函数，见表 5.1。

表 5.1　　　　　　　　　　　　　　　　　　报表常用函数

| 函　　数 | 说　　　　明 |
| --- | --- |
| AVG | 计算指定范围内字段的平均值 |
| COUNT | 计算指定范围内的记录个数 |
| FIRST | 计算指定范围内多条记录中的第一条记录的指定字段值 |
| LAST | 计算指定范围内多条记录中的最后一条记录的指定字段值 |
| MAX | 计算指定范围内多条记录中的最大值 |
| MIN | 计算指定范围内多条记录中的最小值 |
| SUM | 计算指定范围内多条记录指定字段值之和 |
| DATE | 返回当前日期 |
| NOW | 返回当前日期和时间 |
| TIME | 返回当前时间 |
| YEAR | 返回某日期的年份值 |

## 5.6.2　报表的统计计算

上小节介绍了如何利用计算控件对数据库中数据进行计算并显示。而同样的计算控件，当放置在不同节时，计算的数据范围是不一样的，得到的结果也将各不相同。一般来说，主要有 3 种情况。

- **在主体节中添加计算控件**：可以对每一条记录进行总计或求平均值等计算。
- **在组页眉/组页脚中添加计算控件**：可以对记录进行分组统计，求得每组数据的总计值或其他计算结果。
- **在报表页眉/报表页脚中添加计算控件**：可以对报表所有数据进行统计计算。

【例 5.13】　在"学生"报表中计算每位学生的"年龄"，并计算每个系的人数，最后统计所有学生的最大、最小年龄。

（1）利用"报表向导"创建按"系别"字段分组的"学生"报表，如图 5.50 所示。

（2）按照例 5.12 的步骤在"主体"节适当位置添加一个计算学生年龄的文本框。

（3）在"组页脚"适当位置添加文本框，修改其附加标签的标题为"人数:"，然后在文本框中输入计算表达式"=Count([学号])"。

（4）在"报表页脚"的右侧添加两个文本框，修改其附加标签的标题为"最大年龄:"和"最小年龄:"，然后在文本框中分别输入计算表达式 "=Year(Date())-Year(Min([出生日期]))" 和 "=Year(Date())-Year(Max([出生日期]))"，如图 5.51 所示。

学生

| 系别 | 学号 | 姓名 | 性别 | 身份证号 |
| --- | --- | --- | --- | --- |
| 艺术与人文系 | | | | |
| | 200940271033 | 李新发 | 男 | 44142619890710168 |
| | 201040280821 | 周玉沉 | 女 | 44088319890110263 |
| | 201140270205 | 王文芬 | 女 | 44081119910120062 |
| | 201240281341 | 洪婉君 | 女 | 44152219940808031 |
| 信息工程系 | | | | |
| | 200960150435 | 吕玉宜 | 男 | 44522119900925476 |
| | 201060150911 | 何辉琪 | 女 | 44318219891016032 |
| | 201060150913 | 林馥文 | 男 | 45224319910605406 |
| | 201060151128 | 刘世衡 | 男 | 44050719901016021 |

图 5.50　按"系别"分组的学生报表

图 5.51　在报表不同节添加 4 个计算文本框

（5）适当调整控件大小、位置等属性，然后进入报表的"打印预览"视图，查看数据的预览效果，如图 5.52 所示。"主体"节的"年龄"计算文本框实现了对每个学生的年龄计算，"组页脚"的"人数"文本框则统计了每组学生人数，"报表页脚"的"最大年龄"及"最小年龄"文本框统计了所有学生的最大、最小年龄。

| 系别 | 学号 | 姓名 | 性别 | 身份证号 | 年龄 |
|---|---|---|---|---|---|
| 经济管理系 | | | | | |
| | 200910210805 | 陈梦雯 | 女 | 44080319900805 | 22 |
| | 200920630805 | 陈顺 | 男 | 44010219910527 | 21 |
| | 201020631407 | 陈楚妮 | 女 | 44058219910612 | 21 |
| | 201120630150 | 吕文碧 | 女 | 44153119931104 | 19 |
| | 201120630910 | 何伟龙 | 男 | 44011119911025 | 21 |
| | | | | 人数： | 5 |
| 财政会计系 | | | | | |
| | 200930351201 | 李懔胜 | 男 | 44022119900709 | 22 |
| | 201030340803 | 周奕嘉 | 男 | 44040219910719 | 21 |
| | 201130340318 | 陈雪丹 | 女 | 44568219920810 | 20 |
| | 201230351342 | 陈楚榕 | 女 | 44578119920602 | 20 |
| | | | | 人数： | 4 |
| | | | | 最大年龄： | 23 |
| | | | | 最小年龄： | 18 |

图 5.52　对报表不同区域数据统计计算

# 5.7　打印报表

## 5.7.1　页面设置

【例 5.14】对"考试科目"报表进行页面设置。设置报表横向显示，其上、下边距为 28mm，左、右边距为 20mm，并将报表中的数据按两列显示。

（1）打开"考试科目"报表，如图 5.53 所示。

图 5.53 考试科目报表

（2）执行"文件"菜单中的"页面设置"命令，弹出"页面设置"对话框。该对话框共有 3 个选项卡，分别为"边距"、"页"和"列"。

（3）选择第 1 个选项卡"边距"，在"上"、"下"属性框中输入"28"，"左"、"右"属性框中输入"20"，如图 5.54 所示。用户可在左侧输入值，右侧查看预览效果。

（4）打开第 2 个选项卡"页"，选择"横向"选项按钮，如图 5.55 所示。

图 5.54 设置页边距

图 5.55 选择打印方向等

（5）进入第 3 个选项卡"列"，在"列数"属性框中输入"2"，单击"确定"按钮，然后进入"打印预览"视图查看。这时很可能会出现如图 5.56 所示的消息框。这是因为设置为两列后，列太宽或列间距太大，页面无法完全容纳。

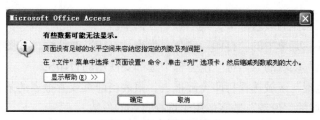

图 5.56 报表的异常提示

（6）回到"页面设置"对话框的"列"选项卡，将"列尺寸"下的"宽度"值改小，必要的时候可进一步调整"列间距"的大小以适应显示要求，如图 5.57 所示。

（7）进入报表的"打印预览"视图，查看数据的预览效果，如图 5.58 所示。

 将列的宽度调小后，在设计视图中也常常需要随之适当缩小控件原有的宽度，以避免控件及控件中的数据被截断。

图 5.57　设置列属性

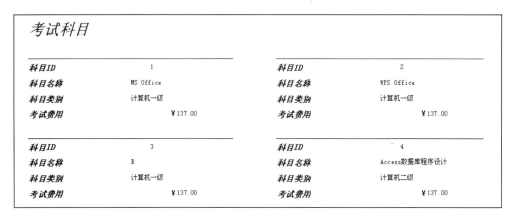

图 5.58　两列报表

## 5.7.2　打印报表

打印报表是报表操作的最后环节，其步骤十分简单。

（1）执行"文件"菜单中的"打印"命令，弹出"打印"对话框，如图 5.59 所示。

（2）在"打印机"区域的"名称"组合框中选择要使用的打印机。

（3）在"页面范围"区域选择打印全部报表、报表当前页或者报表的某个范围等。

（4）"副本"区域的"份数"数字框用于选择打印的份数。

（5）单击"确定"按钮，所选报表便能按照设置打印输出。

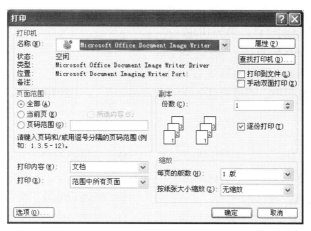

图 5.59　打印设置

# 5.8　本章小结

报表主要用于输出和打印数据库中的数据。本章首先介绍了报表的作用、类型、视图及组成等。然后举例说明了报表的多种创建方法：自动创建报表；利用"向导"创建报表；在"设计视图"下创建报表等。其中"向导"又包括"报表向导"、"图表向导"和"标签向导"。

报表提供了与窗体大体类似的控件，其使用方法也基本相同。本章在上一章"窗体"的基础上简要介绍了"分页符"、"直线"和"矩形"等控件的使用。

对于已建立的报表，用户可对其"自动套用格式"，以便一次性设置报表中字体、线条、背景色等外观属性。可以为其添加背景图案，以进一步美化报表。还能够为其添加日期/时间和页码等，以增加报表实用性。

报表的另一大功能是排序和分组以及计算。报表中的数据可以实现最多 10 个字段或字段表达式的复杂排序和分组。用户还可以对报表中的数据进行统计计算，文本框是最常用的计算型控件。当将计算控件添加在不同节时，能够对不同范围的数据进行计算。

本章最后介绍了报表的页面设置及打印报表的相关操作。

# 5.9　练　　习

## 1．选择题

（1）在报表设计的工具栏中，用于修饰版面以达到更好显示效果的控件是（　　　）。（2012 年3 月计算机二级 Access 试题）

  A．直线和多边形     B．直线和矩形

  C．直线和圆形     D．矩形和圆形

（2）在报表中要显示格式为"共 N 页，第 N 页"的页码，正确的页码格式设置是（　　　）。（2011 年 3 月计算机二级 Access 试题）

A. ="共"+Pages+"页，第"+Page+"页"

B. ="共"+[Pages]+"页，第"+ [Page] +"页"

C. ="共"&Pages&"页，第"&Page&"页"

D. ="共"&[Pages]&"页，第"& [Page] & "页"

（3）在报表设计过程中，不适合添加的控件是（　　　）。（2010 年 3 月计算机二级 Access 试题）

    A. 标签控件　　　　　　　　　　　B. 图形控件

    C. 文本框控件　　　　　　　　　　D. 选项组控件

（4）下列关于报表的叙述中，正确的是（　　　）。（2009 年 3 月计算机二级 Access 试题）

    A. 报表只能输入数据　　　　　　　B. 报表只能输出数据

    C. 报表可以输入和输出数据　　　　D. 报表不能输入和输出数据

（5）要实现报表按某字段分组统计输出，需要设置的是（　　　）。（2009 年 3 月计算机二级 Access 试题）

    A. 报表页脚　　　　　　　　　　　B. 该字段的组页脚

    C. 主体　　　　　　　　　　　　　D. 页面页脚

（6）Access 报表对象的数据源可以是（　　　）。（2008 年 9 月计算机二级 Access 试题）

    A. 表、查询和窗体　　　　　　　　B. 表和查询

    C. 表、查询和 SQL 命令　　　　　D. 表、查询和报表

（7）如果要在整个报表的最后输出信息，需要设置（　　　）。（2007 年 9 月计算机二级 Access 试题）

    A. 页面页脚　　　　　　　　　　　B. 报表页脚

    C. 页面页眉　　　　　　　　　　　D. 报表页眉

（8）在报表中，要计算"数学"字段的最高分，应将控件的"控件来源"属性设置为（　　　）。（2007 年 9 月计算机二级 Access 试题）

    A. =Max([数学])　　　　　　　　 B. Max(数学)

    C. =Max[数学]　　　　　　　　　 D. =Max(数学)

（9）在报表设计时，如果只在报表最后一页的主体内容之后输出规定的内容，则需要设置的是（　　　）。（2007 年 4 月计算机二级 Access 试题）

    A. 报表页眉　　　　　　　　　　　B. 报表页脚

    C. 页面页眉　　　　　　　　　　　D. 页面页脚

（10）若要在报表每一页底部都输出信息，需要设置的是（　　　）。（2006 年 9 月计算机二级 Access 试题）

    A. 页面页脚　　　　　　　　　　　B. 报表页脚

    C. 页面页眉　　　　　　　　　　　D. 报表页眉

**2. 填空题**

（1）在报表中要显示格式为"第 N 页"的页码，页码格式设置是：="第"&_____&"页"。（2011 年 9 月计算机二级 Access 试题）

（2）报表记录分组操作时，首先要选定分组字段，在这些字段上值_____的记录数据归为同一组。（2007 年 4 月计算机二级 Access 试题）

# 第 6 章
# 数据访问页

Access 除了支持在单机上操作数据库，还提供将数据库中的数据以网页形式发布到网络上的途径，这便是数据访问页。本章主要介绍数据访问页的基本概念及数据访问页的创建和编辑等方法。

## 6.1　认识数据访问页

数据访问页（Data Access Page，DAP）是 Access 中较为特殊的一类对象，它能将数据库中的数据以网页的形式发布到网络上。

除此之外，其特殊性更在于它是独立于 Access 数据库之外的一种 HTML 文件，其扩展名为.htm，本质上也就是一个网页（Web Page）。Access 数据库为用户提供了到相应数据访问页文件的链接，用户可以在数据库中通过该链接打开数据访问页，但其本身并不真正存放在数据库中。

### 6.1.1　静态 HTML 页和动态 HTML 页

- **静态 HTML 页**：网页的内容在生成时就已确定，以后不会随着数据库中数据的改变而改变，所以称之为"静态"。
- **动态 HTML 页**：其内容可以随着数据库中数据的改变而改变，数据可以通过数据访问页实现更新与修改，所以称之为"动态"。

用户可根据实际需求来选择创建合适的 HTML 文件。如果数据不需要经常修改且 Web 应用程序中不需要窗体，便可以创建静态的 HTML 页；如果数据需要经常更改且 Web 应用程序中需要窗体，则应创建动态的 HTML 页。

### 6.1.2　数据访问页的视图

- **"页"视图**：在页视图中可查看、输入及修改数据库中的数据。如图 6.1 所示，用户可通过页视图查看数据访问页的最终效果。
- **"设计"视图**：与其他数据库对象一样，数据访问页也存在设计视图。其设计视图主要用于创建、设计和修改数据访问页的结构，如图 6.2 所示为考试科目数据页对应的设计视图。

如图 6.3 所示为数据访问页设计视图中的工具箱。该工具箱中约一半的控件与窗体、报表工具箱的相同。除此之外，还增加了一些与网页设计相关的控件，如"滚动文字"、"记录浏览"、"超链接"等。

图 6.1　页视图

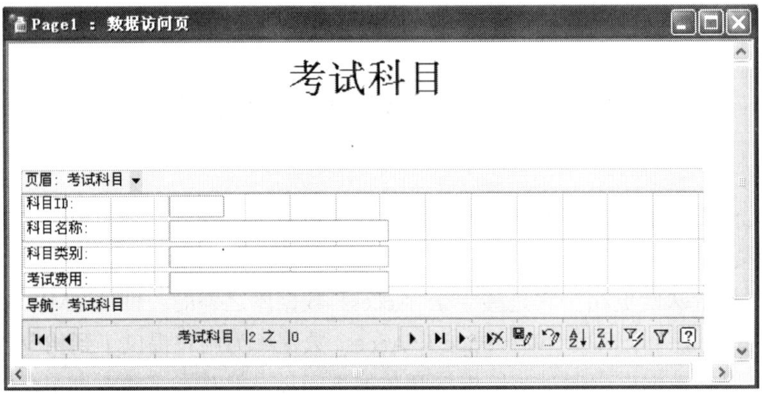

图 6.2　设计视图

图 6.3　数据访问页工具箱

# 6.2　创建数据访问页

## 6.2.1　导出静态网页

　　若数据已确定，无需再更改，用户便可利用 Access 提供的导出功能，高效便捷地将数据库中的表、查询、窗体和报表等对象直接导出为静态 HTML 页。

　　【例 6.1】　以"学生"表为数据源，创建一个静态 HTML 页。

（1）在数据库窗口中单击选中"学生"表。

（2）单击"文件"菜单中的"导出"命令，弹出如图 6.4 所示的"将表'学生'导出为"对话框。在该对话框中选择导出的位置，设置文件名，将"保存类型"置为"HTML 文档"。

图 6.4　导出静态数据页

（3）单击"导出"按钮，则将"学生"表的数据以静态 HTML 页形式导出到指定位置，如图 6.5 所示。

| | | | | | | | |
|---|---|---|---|---|---|---|---|
| | | | | 学生 | | | |
| 200910210805 | 陈梦雯 | 女 | 1990-8-5 | 44080319900805132X | 2011 | 经济管理系 | 15918739318 |
| 200920530527 | 王斐雯 | 女 | 1990-10-22 | 628102199010221428 | 2009 | 土木工程系 | 15818797750 |
| 200920630805 | 陈顺 | 男 | 1991-5-27 | 440102199105276221 | 2009 | 经济管理系 | 13664745338 |
| 200930351201 | 李慷胜 | 男 | 1990-7-9 | 440221199007096982 | 2009 | 财政会计系 | 15918746645 |
| 200940271033 | 李新发 | 男 | 1989-7-10 | 441426198907101683 | 2009 | 艺术与人文系 | 13918702132 |
| 200960150435 | 吕玉宜 | 男 | 1990-9-25 | 445221199009254476X | 2009 | 信息工程系 | 13509579288 |
| 201010210139 | 欧浩敏 | 男 | 1991-10-27 | 441802199110271727 | 2010 | 外国语系 | 13824743423 |
| 201010220104 | 陈凯 | 男 | 1990-5-30 | 445301199005301714 | 2010 | 外国语系 | 13433964218 |
| 201020530338 | 黄文妮 | 女 | 1992-5-12 | 441702199205124227 | 2010 | 土木工程系 | 13763852755 |
| 201020530643 | 张金慧 | 女 | 1991-11-4 | 441802199111044629 | 2010 | 土木工程系 | 13928706454 |
| 201020631407 | 陈楚妮 | 女 | 1991-6-12 | 440582199106121355 | 2010 | 经济管理系 | 15918712472 |

图 6.5　不带格式保存的静态 HTML 页

注意

如果需要将该页按某种模板或以某种编码方式保存，则在"将表'学生'导出为"对话框中勾选"带格式保存"复选框，否则将只以普通网页形式保存网页。图 6.5 所示为不带格式保存的 HTML 页，图 6.6 所示为采用"默认编码方式"保存的带格式的 HTML 页。

| 学生 | | | | | | | | |
|---|---|---|---|---|---|---|---|---|
| 学号 | 姓名 | 性别 | 出生日期 | 身份证号 | 入学年份 | 系别 | 手机号 | 照片 |
| 200910210805 | 陈梦雯 | 女 | 1990-8-5 | 44080319900805132X | 2011 | 经济管理系 | 15918739318 | |
| 200920530527 | 王斐雯 | 女 | 1990-10-22 | 628102199010221428 | 2009 | 土木工程系 | 15818797750 | |
| 200920630805 | 陈顺 | 男 | 1991-5-27 | 440102199105276221 | 2009 | 经济管理系 | 13664745338 | |
| 200930351201 | 李慷胜 | 男 | 1990-7-9 | 440221199007096982 | 2009 | 财政会计系 | 15918746645 | |
| 200940271033 | 李新发 | 男 | 1989-7-10 | 441426198907101683 | 2009 | 艺术与人文系 | 13918702132 | |
| 200960150435 | 吕玉宜 | 男 | 1990-9-25 | 445221199009254476X | 2009 | 信息工程系 | 13509579288 | |
| 201010210139 | 欧浩敏 | 男 | 1991-10-27 | 441802199110271727 | 2010 | 外国语系 | 13824743423 | |
| 201010220104 | 陈凯 | 男 | 1990-5-30 | 445301199005301714 | 2010 | 外国语系 | 13433964218 | |
| 201020530338 | 黄文妮 | 女 | 1992-5-12 | 441702199205124227 | 2010 | 土木工程系 | 13763852755 | |
| 201020530643 | 张金慧 | 女 | 1991-11-4 | 441802199111044629 | 2010 | 土木工程系 | 13928706454 | |

图 6.6　带格式保存的静态 HTML 页

### 6.2.2 自动创建数据访问页

Access 不仅为窗体和报表提供了自动创建的方法，也为数据访问页提供了自动创建的方法。在窗体中，用户可以自动创建纵栏式、表格式和数据表窗体；在报表中，可自动创建纵栏式和表格式报表；而在数据访问页中，只能自动创建纵栏式的数据访问页。

【例 6.2】 以"考试科目"表为数据源，使用"自动创建数据页"的方法创建纵栏式数据访问页。

（1）在"数据库"窗口中选择"页"对象，然后单击"新建"按钮 新建(N)。

（2）在弹出的"新建数据访问页"对话框中选择"自动创建数据页：纵栏式"，并在"请选择该对象数据的来源表或查询"组合框中选择"考试科目"，如图 6.7 所示。

（3）单击"确定"按钮，便能自动创建如图 6.8 所示的纵栏式数据访问页。

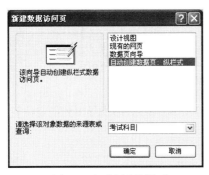

图 6.7 自动创建数据页

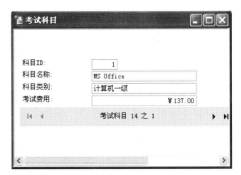

图 6.8 纵栏式数据访问页

（4）单击工具栏上的"保存"按钮，在弹出的对话框中指定存放路径及文件名后单击"确定"按钮。Access 将该数据访问页保存在指定路径下，并自动在数据库窗口生成该页的快捷方式。

用户可利用该数据访问页查看数据库中的数据，并利用下方的记录浏览工具条对记录进行定位、修改、排序、筛选等操作。数据访问页的记录浏览工具条及其上的工具名称如图 6.9 所示。

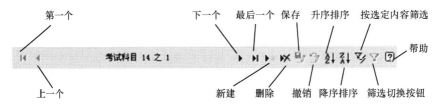

图 6.9 数据访问页记录浏览工具条

### 6.2.3 使用向导创建数据访问页

利用"自动创建数据页"的方法创建数据访问页虽然更加快捷，但无法进行更多个性化选择及设置。Access 为表、查询、窗体、报表等都提供了向导创建的方法，对页也不例外。采用"数据页向导"的方法能更灵活地根据自己的需要创建满足各种不同需求的数据访问页。

【例 6.3】 以"学生"表为数据源，利用"数据页向导"创建名为"学生"的数据访问页。该报表显示"学号"、"姓名"、"性别"等信息，以"系别"字段分组，并按照"学号"字段升序排列。

（1）在"新建数据访问页"对话框中选择"数据页向导"，单击"确定"按钮，弹出"数据页向导"对话框。

（2）在"表/查询"组合框中选择数据源"学生"表，并在下方的"可用字段"列表框中选择
"学号"、"姓名"等字段，如图 6.10 所示。单击"下一步"按钮。

（3）在"数据页向导"的第 2 步双击"系别"字段，将其设为数据访问页的分组字段，如图
6.11 所示。单击"下一步"按钮。

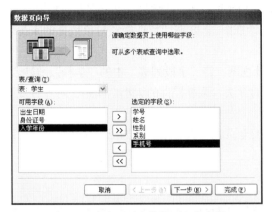

图 6.10　确定显示在数据页上的字段

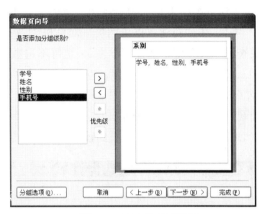

图 6.11　选定按系别分组

（4）在"数据页向导"第 3 步确定排序规则，设置按"学号"字段升序排列，如图 6.12 所示。
单击"下一步"按钮。

（5）在"数据页向导"最后一步，在文本框中为数据访问页设置标题，如图 6.13 所示。单击
"完成"按钮，创建了如图 6.14 所示的数据访问页。

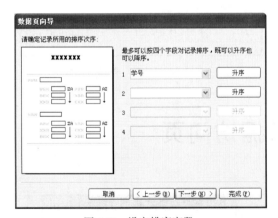

图 6.12　设定排序字段

图 6.13　为数据页指定标题

图 6.14　利用向导创建的数据访问页

### 6.2.4 使用"设计视图"创建数据访问页

几乎每一种数据库对象都有其对应的设计视图，可以在其设计视图中进行创建。数据访问页也能够使用其设计视图来创建。同时，用户还可以利用设计视图修改已有的数据访问页。

【例 6.4】利用"设计视图"创建"学生"数据访问页，显示"学号"、"姓名"等信息。

（1）在"新建数据访问页"对话框中选择"设计视图"，并在"请选择该对象数据的来源表或查询"组合框中选择"学生"（也可不选数据源）。

（2）单击"确定"按钮，进入数据访问页的设计视图。将"字段列表"中的"学号"、"姓名"等字段拖曳到适当位置，并根据窗体、报表章介绍的方法，调整控件的大小、间距，对齐方式等外观属性，如图 6.15 所示。

（3）将数据访问页调整到较理想的效果后，切换至页视图查看结果，如图 6.16 所示。

图 6.15 利用设计视图创建数据访问页

图 6.16 "学生"数据访问页

# 6.3 编辑数据访问页

## 6.3.1 为数据访问页添加标题

数据访问页中往往少不了标题这一重要元素。窗体和报表的标题需要用户自己添加标签控件来设置，而数据访问页标题的设置则更方便。当没有为数据访问页添加标题时，其设计视图上方显示"单击此处并键入标题文字"的字样，如图 6.15 所示。此时，用户只需在此处单击，输入标题文字，如"学生"即可。为例 6.4 中的数据访问页添加标题后的效果如图 6.17 所示。

图 6.17 为数据访问页添加标题

## 6.3.2　为数据访问页添加常见控件

### 1.　滚动文字

"滚动文字"是网页中的常见元素，用以吸引用户注意力。它是数据访问页中特有的控件。

【例6.5】 为例6.4创建的"学生"页的顶部添加"欢迎光临"的滚动文字，滚动方向从右往左。然后再在底部添加一个绑定到"出生日期"字段的滚动文字，滚动方向从左往右。

（1）在设计视图中打开"学生"数据页。

（2）单击工具箱的"滚动文字"按钮，在页面顶部通过鼠标拖动得到滚动文字的区域，然后在该"滚动文字"控件中输入"欢迎光临"字样。

（3）双击该滚动文字，打开其属性对话框，在"其他"选项卡中将其"Direction"属性选择为"left"，设置其滚动方向为向左滚动，如图6.18所示。如有需要的话，还可以设置其"字体"、"字号"、"颜色"等属性。

（4）再次单击工具箱的"滚动文字"按钮，然后选中字段列表中的"出生日期"字段，将其拖至主体节适当位置，即添加了绑定到"出生日期"字段的滚动文字。

（5）双击打开属性对话框，将其"Direction"属性设置为"right"，也可以继续设置其"字体"、"字号"、"颜色"等属性。

（6）切换到页视图查看效果，如图6.19所示，"欢迎光临"字样自右向左滚动，而当前学生的"出生日期"则自左向右滚动。

图6.18　设置滚动方向等属性

图6.19　添加了滚动文字的数据页

除了可以为滚动文字设置一般的格式及滚动方向外，还可以为其设置更多的属性。例如，利用"Loop"属性设置其滚动次数，默认"-1"表示连续滚动显示。如果要使文字滚动若干次后消失，可在"Loop"属性中输入一个大于0的滚动次数。再如，将"TrueSpeed"属性设置为"True"时，可通过"ScrollDelay"及"ScrollAmount"属性控制文字滚动速度。"ScrollDelay"用于控制滚动文字每个重复动作之间延迟的毫秒数，而"ScrollAmount"用于控制其在一定时间内（即"ScrollDelay"属性框中指定的时间）移动的像素数。滚动文字的众多属性用户可在实践中逐个应用，此处不再一一介绍。

### 2. 命令按钮

命令按钮的应用十分广泛，不仅在窗体中频频出现，在数据访问页中也常常利用它来对记录进行浏览和操作。

【例 6.6】 为"学生"页添加一个浏览"下一条记录"的命令按钮和一个"删除记录"的命令按钮。

（1）在设计视图中打开"学生"数据页。

（2）单击工具箱的"命令按钮"，在页面合适位置单击，弹出"命令按钮向导"对话框。在对话框的"类别"列表框中选择"记录导航"，在"操作"列表框中选择"转至下一项记录"，如图 6.20 所示。

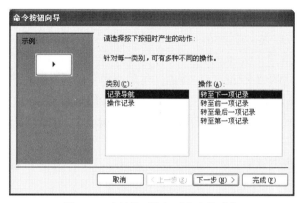

图 6.20　选择按下按钮时产生的动作

（3）单击"下一步"按钮，设置按钮上要显示的文本或图片。此处选择"图片"选项，然后在其右侧的列表框中选择"指向右方"，如图 6.21 所示。

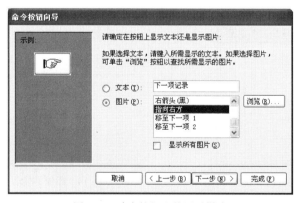

图 6.21　确定按钮上的显示样式

（4）单击"下一步"按钮，为该命令按钮指定名称，以便以后引用。最后单击"完成"按钮，完成第一个按钮的添加。

（5）再次添加"命令按钮"，在"命令按钮向导"对话框中选择"操作记录"类别和"删除记录"操作，如图 6.22 所示。

（6）单击"下一步"按钮，此时选择"图片"选项，在其右侧的列表框中选择"垃圾桶 1"选择，如图 6.23 所示。

（7）单击"下一步"按钮，为该命令按钮指定名称，然后单击"完成"按钮，完成第二个按钮的添加。

（8）切换至页视图查看完成的效果，如图 6.24 所示。当单击第一个按钮时可以浏览下一条记录，单击第二个按钮时可删除当前记录。

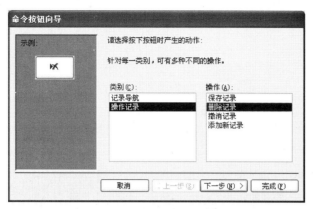

图 6.22  选择按下按钮时产生的动作

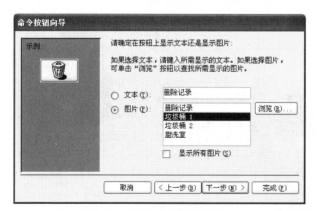

图 6.23  确定按钮上的显示样式

图 6.24  添加了命令按钮的"学生"页

**3. 超链接**

超链接是网页最根本的元素之一，用以从一个页面跳转到另一个页面。它也是数据访问页中特有却又用途很大的一个控件。

【例 6.7】 在"学生"页上添加一个超链接，用以链接到"华南农业大学珠江学院"网站主页。

（1）在设计视图中打开"学生"数据页。

（2）单击工具箱的"超链接"按钮，在页面合适位置单击，弹出"插入超链接"对话框。

（3）在该对话框的"链接到"区域选择"原有文件或网页"，在"要显示的文字"文本框中输入"华南农业大学珠江学院"，在"地址"栏输入"http://www.scauzhujiang.cn/"，如图 6.25 所示。

（4）切换至页视图，可看到为页面添加的超链接，如图 6.26 所示。单击该超链接，便可打开"华南农业大学珠江学院"网站主页，如图 6.27 所示。

图 6.25　设置超链接属性

图 6.26　为数据访问页添加超链接

图 6.27　链接到华南农业大学珠江学院主页

### 6.3.3　为数据访问页设置主题和背景

　　主题是一个提供字体、横线、背景图像以及其他元素的统一设计和颜色方案的集合。用户可以直接利用 Access 提供的主题方便快捷地对数据访问页进行整体外观上的调整。

　　设置主题的方法很简单。打开欲设置的页，执行"格式"菜单中的"主题"命令，弹出"主题"对话框。然后在该对话框中选择需要的主题即可。如图 6.28 所示便是应用了"春天"主题的数据访问页。

　　统一的主题设置某些时候并不总能满足用户的个性化需求，这时还可以使用 Access 提供的背景设置功能。用户可以自定义背景颜色、背景图片、背景声音等，以使数据访问页更加完美、友好。

设置背景的方法也非常简单。首先打开欲设置的页，如果要为数据访问页设置背景颜色，则执行"格式"菜单中的"背景"|"颜色"命令，在其级联菜单中选择需要的颜色即可；如果要为数据访问页设置背景图片，则执行"格式"菜单中的"背景"|"图片"命令，在弹出的对话框中选择所需的图片文件即可。图 6.29 所示为添加了背景图片的"学生"数据页。

图 6.28　应用了主题的"学生"数据页

图 6.29　添加了背景图片的"学生"数据页

# 6.4　本章小结

数据访问页是 Access 中较为特殊的一类对象，它用于将数据库中的数据以网页的形式发布。本章介绍了静态和动态的 HTML 页以及数据访问页的基本概念等。另外还介绍了数据访问页的创建方法：除了可以导出静态网页外，在 Access 中还可以利用"自动创建"、"数据页向导"及"设计视图"等方式来创建数据访问页。

创建好的数据访问页可利用前两章介绍的方法调整其外观。除此之外，Access 还为用户提供了针对数据访问页特有的编辑方法。例如，为数据访问页添加"标题"、"滚动文字"、"超链接"等。

最后，还可以通过为数据访问页设计"主题"或"背景"来一次性改变其文字、颜色、背景等整体外观或对数据访问页进行个性化设置。

# 6.5　练　习

## 1. 选择题

（1）数据库中可以被另存为数据访问页的对象是（　　　）。（2012 年 3 月计算机二级 Access 试题）

A. 窗体　　　　　　　　　　　B. 报表

C. 表和查询　　　　　　　　　D. 以上均可

（2）在数据访问页的工具箱中为了插入一段滚动的文字应该选择的图标是（　　　　）。（2009年3月计算机二级 Access 试题）

A.

B.

C.

D.

（3）将 Access 数据库数据发布到 Internet 上，可以通过（　　　　）。（2007年9月计算机二级 Access 试题）

A. 查询

B. 窗体

C. 数据访问页

D. 报表

## 2. 填空题

（1）Access 中产生的数据访问页会保存在独立文件中，其文件格式是_____。（2010年9月计算机二级 Access 试题）

（2）使用向导创建数据访问页时，在确定分组级别步骤中最多可设置_____个分组字段。（2010年3月计算机二级 Access 试题）

（3）数据访问页有两种视图，它们是页视图和_____视图。（2008年9月计算机二级 Access 试题）

# 第7章
# 宏

前面介绍了表、查询、窗体、报表、数据访问页等数据库对象，它们都具有强大的功能，如果将这些数据库对象的功能组合在一起，便可以完成数据库的各项数据管理工作了。但这些数据库对象都是彼此独立的，不能相互驱动，要使 Access 的众多数据库对象成为一个整体，以一个应用程序的界面展示给用户，就必须借助于代码类型的数据库对象。宏对象便是此类数据库对象中的一种。

## 7.1  认 识 宏

宏是一种简化用户操作的工具，是提前设定好的动作列表的集合，每个动作完成一个特定的操作。运行宏时，Access 就会按照所定义的操作顺序依次执行。对于一般的用户来说，使用宏是一种更简洁的方法：它不需要编程，也不需要记住各种语法，只要将所执行的操作、参数和条件输入宏窗口中就可以了。

### 7.1.1  宏的概念

宏是由一个或多个操作组成的集合，其中的每个操作都能自动执行，并实现特定的功能。在 Access 中可以定义各种操作，如打开或关闭窗体、显示及隐藏工具栏、预览或打印报表等。通过直接执行宏，或者使用包含宏的用户界面，可以完成许多复杂的操作。

### 7.1.2  宏设计窗口

如图 7.1 所示是进行宏设计时使用的宏设计窗口。其中上半部分为宏操作编辑区，共有 4 列：宏名列、条件列、操作列、注释列，默认情况下只有操作列和注释列，宏名列和条件列可从视图菜单或工具栏中加入；下半部分的左边为宏操作参数设置区，不同的操作其参数会有区别；下半部分的右边为系统给出的帮助和提示信息。

- **宏名列**：设置宏的名称。通常创建宏组时使用。此列允许为空。
- **条件列**：列出宏运行的条件。此列允许为空。
- **操作列**：指定宏的操作。从下拉列表中选择所需的操作，并在左下角的操作参数区进行参数设置。
- **注释列**：给出对宏的文字解释。对宏的执行没有影响。

图 7.1　宏设计窗口

与宏设计窗口相关的工具栏如图 7.2 所示。

图 7.2　宏设计工具栏

工具栏中主要按钮的功能见表 7.1。

表 7.1　　　　　　　　　　　　　　　　宏工具栏按钮的功能

| 按　钮 | 名　称 | 功　　能 |
|---|---|---|
| | 宏名 | 设置宏组名称。单击一次此按钮，在宏的编辑窗口中会增加/删除"宏名"列 |
| | 条件 | 设置条件宏。单击一次此按钮，在宏的编辑窗口中会增加/删除"条件"列 |
| | 插入行 | 在宏操作编辑区设定的当前行的前面增加一个空白行 |
| | 删除行 | 删除宏操作编辑区中的当前行 |
| | 运行 | 执行当前宏 |
| | 单步 | 单步运行，一次执行一条宏命令 |
| | 生成器 | 在设置条件宏的"条件"时，打开表达式生成器，帮助生成条件表达式 |

## 7.1.3　常用的宏操作

Access 为用户提供了 50 多个宏操作，表 7.2 给出了一些常用的宏操作及其功能描述。

表 7.2　　　　　　　　　　　　　　　　常用宏操作

| 分　类 | 宏操作 | 功能描述 |
|---|---|---|
| 打开或关闭数据库对象 | OpenForm | 打开窗体 |
| | OpenModule | 打开 Visual Basic 模块 |
| | OpenQuery | 打开查询 |
| | OpenReport | 打开报表 |
| | OpenTable | 打开数据表 |
| | Close | 关闭打开的数据库对象 |

续表

| 分　类 | 宏操作 | 功能描述 |
|---|---|---|
| 记录操作 | GoToRecord | 指定当前记录 |
| | FindRecord | 查找满足条件的第一条记录 |
| | FindNext | 查找满足条件的下一条记录，通常与 FindRecord 宏操作搭配使用 |
| 更新 | Requery | 刷新活动对象控件中的数据 |
| 设置值 | SetValue | 设置窗体或报表中的字段、控件的属性值 |
| 重命名 | Rename | 重新命名当前数据库中指定的对象名称 |
| 复制 | CopyObject | 将指定的某个数据库对象复制到当前数据库或另一个 Access 数据库中 |
| 删除 | DeleteObject | 删除指定的数据库对象 |
| 运行代码 | RunApp | 运行指定的外部应用程序，如 Windows 或 MS-DOS 应用程序 |
| | RunSQL | 运行指定的 SQL 语句 |
| | RunMacro | 运行指定的宏 |
| | Quit | 退出 Access |
| 导入导出数据 | TransferDatabase | 在 Access 数据库与其他数据库之间导入或导出数据 |
| | TransferText | 在 Access 数据库与文本文件之间导入或导出数据 |
| 提示信息 | Beep | 通过个人计算机的扬声器发出嘟嘟声 |
| | MsgBox | 显示包含警告信息或其他信息的消息框 |
| | SetWarings | 打开或关闭系统消息 |

# 7.2　宏的创建

对于只包含单个宏操作的宏，其功能是很有限的，但是当众多的宏操作串联在一起被依次连续地执行时，就能够执行一个较复杂的任务。

Access 中的宏可以是包含操作序列的一个宏，也可以是由若干个宏组成的宏组，还可以使用条件表达式来决定在什么情况下运行宏，以及在运行宏时某项操作是否进行。根据以上 3 种情况，可将宏分为操作序列宏、条件操作宏和宏组。

## 7.2.1　操作序列宏

操作序列宏是结构最简单的一种宏，宏中包含的就是顺序排列的各种操作。

【例 7.1】创建操作序列宏，实现学生表的备份，操作序列如图 7.3 所示。

学生表备份宏操作参数见表 7.3。

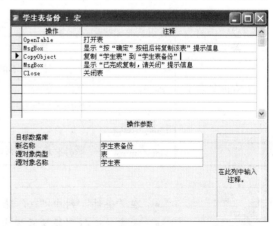

图 7.3　学生表备份宏

表 7.3　　　　　　　　　　　　　复制"学生表"宏的宏操作及操作参数

| 宏操作 | 注　释 | 操作参数 |
|---|---|---|
| OpenTable | 打开表 | 表名称：学生表 |
| MsgBox | 显示"要复制该表吗？"提示信息 | 消息：单击"确定"按钮后将复制该表 |
| CopyObject | 复制"学生表"到"学生表备份" | 新名称：学生表备份<br>源对象类型：表<br>源对象名称：学生表 |
| MsgBox | 显示"已完成复制，请关闭"提示信息 | 消息：已完成复制，请关闭 |
| Close | 关闭表 | 对象类型：表<br>对象名称：学生表 |

## 7.2.2　条件操作宏

条件操作宏是指在满足一定条件时才执行宏中的某些操作。

【例 7.2】　创建条件操作宏，实现姓名判空的验证，操作序列如图 7.4 所示。

图 7.4　验证姓名宏

验证姓名宏操作参数见表 7.4。

表 7.4　　　　　　　　　　　　　　验证姓名宏操作参数

| 条　件 | 宏操作 | 操作参数 | 注　释 |
|---|---|---|---|
| IsNull([姓名]) | MsgBox | 消息：该字段不能为空<br>类型：警告<br>标题：数据验证 | 若"姓名"字段为空值，则弹出警告信息 |
| … | CancelEvent | | 取消自在执行的操作 |
| … | GotoControl | 控件名称：[姓名] | 将焦点定位到"姓名"字段中，等待输入数据 |

- 在"条件"列中"…"表示本行的条件与上一行相同。
- 此宏的运行不能按常规方法，要在窗体的事件中设置运行该宏。

## 7.2.3　宏　组

宏组是宏的集合，它是将完成同一项功能的多个相关宏组织在一起。通过宏组，可以方便地对宏进行分类管理和维护。

【例 7.3】创建宏组，实现学生考证信息的浏览和输出综合操作，操作序列如图 7.5 所示。此宏的运行需借助于窗体的事件，创建学生考证情况窗体，如图 7.6 所示。

图 7.5　学生考证综合操作宏

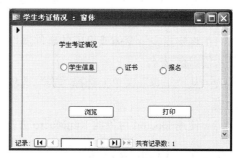

图 7.6　学生考证综合操作窗体

学生考证综合操作宏操作参数见表 7.5。

表 7.5　　　　　　　　　学生考证综合操作宏操作参数

| 宏　名 | 条　件 | 宏操作 | 操作参数 |
| --- | --- | --- | --- |
| 信息浏览 | [学生考证情况]=1 | OpenForm | 窗体名称：学生信息窗体 |
| | … | StopMacro | |
| | [学生考证情况]=2 | OpenForm | 窗体名称：考证信息窗体 |
| | … | StopMacro | |
| | [学生考证情况]=3 | OpenForm | 报表名称：学生考证报名报表<br>视图：打印预览 |
| 信息输出 | [学生考证情况]=1 | OpenReport | 报表名称：学生表<br>视图：打印 |
| | … | StopMacro | |
| | [学生考证情况]=2 | OpenReport | 报表名称：考证信息报表<br>视图：打印 |
| | … | StopMacro | |
| | [学生考证情况]=3 | OpenReport | 报表名称：学生考证报名报表<br>视图：打印 |

# 7.3 运 行 宏

宏有多种运行方式，可以直接运行宏，也可以在响应窗体、报表或控件等对象的事件时运行。

## 7.3.1 直接运行宏

### 1. 操作序列宏

（1）在"宏设计"窗口中单击工具栏上的 按钮，或选择"运行"菜单中的"运行"命令。

（2）在数据库窗口的宏对象中双击要运行的宏名。

（3）在数据库窗口的宏对象中选择"工具"菜单中的"宏"命令，在出现的级联菜单中选择"运行宏"命令，在"运行宏"对话框中输入宏名。

（4）使用 Docmd 对象的 RunMacro 方法，在 VBA 代码过程中运行宏。

### 2. 宏组中的宏

（1）将宏指定为窗体或报表的事件属性设置，或指定为 RunMacro 操作的宏名参数。引用格式是：宏组名.宏名。

（2）从"工具"菜单上选择"宏"选项，单击"运行宏"命令，再选择或输入要运行的宏组里的宏。

（3）使用 Docmd 对象的 RunMacro 方法，从 VBA 代码过程中运行宏。

## 7.3.2 自动运行宏

Access 首先在数据库中自动查找一个名为 AutoExec 的宏，如果有将自动运行该宏。因此，通过将一个宏命名为 AutoExec，可以实现在打开数据库时自动运行宏的功能。

## 7.3.3 事件触发

事件（Event）是在数据库中执行的一种特殊操作，是对象所能辨识和检测的动作，当此动作发生在某一个对象上时，其对应的事件便会被触发。

- 由于窗体的事件比较多，在打开窗体时，将按照下列顺序发生相应的事件：

打开（Open）→加载（Load）→调整大小（Resize）→激活（Activate）→成为当前（Current）

如果窗体中没有活动的控件，在窗体的"激活"事件发生之后仍会发生窗体的"获得焦点"（GotFocus）事件，但是该事件将在"成为当前"事件之前发生。

- 在关闭窗体时，将按照下列顺序发生相应的事件：

卸载（Unload）→停用（Deactivate）→关闭（Close）

如果窗体中没有活动的控件，在窗体的"卸载"事件发生之后仍会发生窗体的"失去焦点"（LostFocus）事件，但是该事件将在"停用"事件之前发生。

引发事件不仅仅是用户的操作，程序代码或操作系统都有可能引发事件，例如，如果窗体或报表在执行过程中发生错误，便会引发窗体或报表的"出错"（Error）事件；当打开窗体并显示其中的数据记录时会引发"加载"（Load）事件。

通常情况下，直接运行宏或宏组里的宏是在设计或调试宏的过程中进行的，只是为了测试宏的正确性。在确保宏设计无误后，可以将宏附加到窗体、报表或控件中，以对事件做出响应，或创建一个执行宏的自定义菜单命令。

在 Access 中可以通过设置窗体、报表或控件上发生的事件来响应宏或事件过程。操作过程如下：

（1）在"设计"视图中打开窗体或报表。

（2）设置窗体、报表或控件的有关事件属性为宏的名称或事件过程。

（3）在打开窗体、报表后，如果发生相应事件，则会自动运行设置的宏或事件过程。

例如，例 7.3 学生考证综合操作宏的运行方法是在如图 7.6 所示的学生考证综合操作窗体的浏览按钮的单击事件中设置相应的宏操作，如图 7.7 所示。

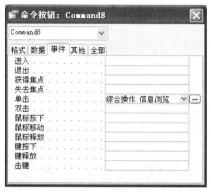

图 7.7　浏览按钮的单击事件触发宏的设置

# 7.4　本章小结

本章主要介绍了宏的概念及工作方式，通过实例介绍了操作序列宏、条件操作宏、宏组 3 种不同形式宏的建立方法及应用，还介绍了宏的基本调试方法及运行宏的多种方式。通过本章的学习应掌握宏的概念，并学会利用宏将数据库中其他对象组合在一起，提高数据库操作的使用效率。

# 7.5　练　习

1. 选择题

（1）在宏设计窗口中有"宏名"、"条件"、"操作"和"备注"等列，其中不能省略的是（　　）。（2012 年 3 月计算机二级 Access 试题）

　　A. 宏名　　　　　　　　　　　B. 操作

　　C. 条件　　　　　　　　　　　D. 备注

（2）宏操作不能处理的是（　　）。（2012 年 3 月计算机二级 Access 试题）

　　A. 打开报表　　　　　　　　　B. 对错误进行处理

　　C. 显示提示信息　　　　　　　D. 打开和关闭窗体

2. 填空题

在宏中引用窗体控件的命令格式是＿＿＿＿＿＿＿。（2012 年 3 月计算机二级 Access 试题）

# 第8章
# 模块与VBA编程基础

在 Access 系统中，借助前面章节介绍的宏对象可以完成事件的响应处理，例如打开和关闭窗体、报表等。但宏的使用也有一定的局限性：一是宏只能处理一些简单的操作，对于复杂条件或循环等结构无能为力；二是宏对数据库对象的处理，例如表对象或查询对象的处理能力很弱。

"模块"是将 VBA 声明和过程作为一个单元进行保存的集合体。通过模块的组织和 VBA 代码设计，可以大大提高 Access 数据库应用的处理能力，解决复杂问题。

## 8.1　模块的基本概念

模块是 Access 系统中的一个重要对象，它是以 VBA（Visual Basic for Application）语言为基础编写的，以函数过程（Function）或子过程（Sub）为单元的集合方式存储。在 Access 中，模块分为类模块和标准模块两种类型。

### 8.1.1　类模块

窗体模块和报表模块都是类模块，而且它们各自与某一窗体或报表相关联。窗体和报表模块通常都含有事件过程，该过程用于响应窗体或报表中的事件。可以使用事件过程来控制窗体或报表的行为，以及它们对用户操作的响应，例如用鼠标单击某个命令按钮。

### 8.1.2　标准模块

标准模块包含的是通用过程和常用过程，这些通用过程不与任何对象相关联，常用过程可以在数据库中的任何位置运行。

### 8.1.3　将宏转换为模块

在 Access 系统中，根据需要可以将设计好的宏对象转换为模块代码形式。

## 8.2　创建模块

### 8.2.1　在模块中加入过程

模块是装着 VBA 代码的容器。一个模块包含一个声明区域，且包含一个或多个子过程（以

Sub 开头）或函数过程（以 Function 开头）。模块的声明区域是用来声明模块使用的变量等项目。

### 1. Sub 过程

Sub 过程又称为子过程，执行一系列操作，无返回值。定义格式如下：

Sub　过程名

　[程序代码]

End Sub

可以引用过程名来调用该子过程。此外，VBA 提供了一个关键字 Call，可显示调用一个子过程。在过程名前加上 Call 是一个很好的程序设计习惯。

### 2. Function 过程

Function 过程又称为函数过程。执行一系列操作，有返回值。定义格式如下：

Function　过程名　As（返回值）类型

　[程序代码]

End Function

函数过程不能使用 Call 来调用执行，需要直接引用函数过程名，并由接在函数过程名后的括号所辨别。

## 8.2.2　在模块中执行宏

在模块的过程定义中，使用 DoCmd 对象的 RunMacro 方法可以执行设计好的宏。其调用格式为：DoCmd. RunMacro　MacroName[, RepeatCount][, RepeatExpression]

其中，MacroName 表示当前数据库中宏的有效名称；RepeatCount 为可选项，用于计算宏运行次数的整数值；RepeatExpression 为可选项，数值表达式，在每一次运行宏时进行计算，结果为 False 时，停止运行宏。

# 8.3　VBA 程序设计基础

VBA 是 Microsoft Office 套装软件的内置编程语言,其语法与 Visual Basic 编程语言互相兼容。VBA 是面向对象的程序设计语言。而这是一种以对象为基础,以事件来驱动对象的程序设计方法。

## 8.3.1　面向对象程序设计的基本概念

### 1. 对象

一个对象就是一个实体，它是代码和数据的组合。每种对象都有自己的属性，对象可以通过属性区别于其他对象。例如一本书、一张桌子都可以看作对象，也包括一张表、一个查询清单、所设计的一个漂亮窗体界面等。

集合由某类对象所包含的实例构成。

Access 根对象有 6 个，见表 8.1。

### 2. 属性

属性指的是对象本身所具有的特性。对象既然可以看作物体，那么这个物体本身所具有的颜色、形状、大小、名称、位置等都可以看做这个对象的属性。对象的属性有的是可以改变的，有的是不能改变的（只读属性）。比如说，把一本书从桌子上扔到地上，那么这本书的位置属性就发生了改变，但是，制作这本书的原料和书的内容却是不可以改变的。

表 8.1　　　　　　　　　　　　　　　　　Access 根对象

| 对象名 | 说　　明 |
| --- | --- |
| Application | 应用程序，即 Access 环境 |
| DBEngine | 数据库管理系统，表对象、查询对象、记录对象、字段对象等都是它的子对象 |
| Debug | 立即窗口对象，在调试阶段可用其 Print 方法在立即窗口显示输出信息 |
| Forms | 所有处于打开状态的窗体所构成的对象 |
| Reports | 所有处于打开状态的报表所构成的对象 |
| Screen | 屏幕对象 |

### 3. 方法

方法是对象的行为动作，是这个对象的动态表现，目的是改变对象的当前状态。如上例中扔书就是对象的方法。

### 4. 事件

事件是对象对外部操作的响应，如在程序执行时，单击命令按钮会产生一个 Click 事件。事件的发生通常是用户操作的结果。

### 5. 事件过程

尽管系统对每个对象都预先定义了一系列的事件集，但要判定它们是否响应某个具体事件以及如何响应事件就是编程的事情了。例如，需要命令按钮响应 Click 事件，就把完成 Click 事件功能的代码写到 Click 事件的事件过程中。

事件过程的形式如下：

Private Sub 对象名_事件名（）

　　…（程序代码）

End Sub

## 8.3.2　Visual Basic 编辑环境

### 1. Visual Basic 编辑器

VBE 是 Visual Basic Editor（编辑界面）的缩写。VBE 窗口主要由标准工具栏、工程窗口、属性窗口和代码窗口组成。VBE 窗口如图 8.1 所示。

### 2. 进入 VBE 编程环境

VBE 的工程资源管理器将模块分为"对象"、"标准"和"类"3 种类型模块。对象模块包含了对窗体或报表发生的事件响应编写的代码；标准模块包含独立于指定对象的代码；类模块用于定义自定义对象的代码。

进入 VBE 编辑环境有多种方式，针对不同的模块类型有不同的进入方法。

- 对象模块的进入方法如下：

（1）右键单击控件对象，单击快捷菜单上的"事件生成器"命令，打开"选择生成器"对话框，选择其中的"代码生成器"，单击"确定"按钮即可进入。

（2）单击属性窗口的"事件"选项卡，选中某个事件直接单击属性栏右边的"…"按钮，也可打开"选择生成器"对话框，选择其中的"代码生成器"，单击"确定"按钮即可进入。

- 标准模块的进入方法如下：

图 8.1　VBE 窗口

（1）对于已存在的标准模块，只需从数据库窗体对象列表上选择"模块"选项打开模块窗口，双击要查看的模块对象即可进入。

（2）要创建新的标准模块，需从数据库窗体对象列表上选择"模块"选项打开模块窗口，单击工具栏上的"新建"按钮即可进入。

（3）在数据库对象窗体中选择"工具"菜单里"宏"子菜单的"Visual Basic 编辑器"选项即可进入。

使用"Alt+F11"组合键，可以方便地在数据库窗口和 VBE 之间进行切换。

### 3. VBE 环境中编写 VBA 代码

VBA 代码是由语句组成的，一条语句就是一行代码。例如：

```
intCount = 5                           '将 5 赋值给变量 intCount
Debug.Print intCount                   '在立即窗口打印变量 intCount 的值 5
```

在 VBA 模块中不能存储单独的语句，必须将语句组织起来形成过程，即 VBA 程序是块结构，它的主体是事件过程或自定义过程。

在 VBE 的代码窗口中将上面的两条语句写入一个自定义的子过程 Procel：

```
Sub Procel()
  Dim intCount As Integer
  intCount = 5
  Debug.Print intCount
End Sub
```

将光标定位在子过程 Procel 的代码中，按 F5 键运行子过程代码，在立即窗口中会看到程序运行结果：5。

## 8.3.3　数据类型和数据库对象

### 1. 标准数据类型

传统的 BASIC 语言使用类型说明标点符号来定义数据类型，VBA 则除此之外还可以使用类型说明字符来定义数据类型，见表 8.2。

表 8.2 VBA 标准数据类型

| 数据类型 | 类型标识 | 符号 | 取值范围 | 举　例 |
|---|---|---|---|---|
| 布尔型 | Boolean | | True 或 False | True |
| 字节型 | Byte | | 0～255 | 10 |
| 整型 | Integer | % | −32768～32767 | 56% |
| 长整型 | Long | & | −2147483648～2147483647 | 56000& |
| 单精度型 | Single | ! | 负数−3.402823E38～−1.401298E−45<br>正数 1.401298E−45～3.402823E38 | 3.1415926! |
| 双精度型 | Double | # | 负数−1.79769313486232E308～−4.94065645841247E−324<br>正数 4.94065645841247E−324～1.79769313486232 E308 | 3.1415926# |
| 货币型 | Currency | @ | −922337203685477.5808～922337203685477.5808 | 56.00@ |
| 日期型 | Date | | 100 年 1 月 1 日～9999 年 12 月 31 日 | #2012-10-1# |
| 字符串型 | String | | 0 字符～65535 字符 | "Access" |
| 对象型 | Object | | 引用数据库对象 | |
| 变体类型 | Variant | | 随变量中存储信息的特性而变化 | |

### 2. 用户定义的数据类型

应用过程中可以建立包含一个或多个 VBA 标准数据类型的数据类型，这就是用户定义数据类型。它不仅包含 VBA 的标准数据类型，还可以包含前面已经说明的其他用户定义数据类型。

用户定义数据类型可以在 Type … End Type 关键字间定义，定义格式如下：

Type [数据类型名]

　　　<域名> As <数据类型>

　　　<域名> As <数据类型>

……

End Type

### 3. 数据库对象

数据库对象如数据库、表、查询、窗体和报表等，也有对应的 VBA 对象数据类型，这些对象数据类型由引用的对象库所定义，常用的 VBA 对象数据类型和对象库中所包括的对象见表 8.3。

表 8.3 VBA 数据库对象类型

| 对象数据类型 | 对象库 | 对应的数据库对象类型 |
|---|---|---|
| 数据库，Database | DAO 3.6 | 使用 DAO 时用 Jet 数据库引擎打开的数据库 |
| 连接，Connection | ADO 2.1 | ADO 取代了 DAO 的数据库连接对象 |
| 窗体，Form | Access 9.0 | 窗体，包括子窗体 |
| 报表，Report | Access 9.0 | 报表，包括子报表 |
| 控件，Control | Access 9.0 | 窗体和报表上的控件 |
| 查询，QueryDef | DAO 3.6 | 查询 |
| 表，TableDef | DAO 3.6 | 数据表 |
| 命令，Command | ADO 2.1 | ADO 取代 DAO.QueryDef 对象 |
| 结果集，ADO.Recordset | DAO 3.6 | 表的虚拟表示或 DAO 创建的查询结果 |
| 结果集，ADO.Recordset | ADO 2.1 | ADO 取代 DAO.Recordset 对象 |

## 8.3.4　变量与常量

常量是在程序中可以直接引用的实际值，其值在程序运行中不变。不同的数据类型，常量的表现形式也不同，在 VBA 中有 3 种常量：直接常量、符号常量和系统常量。

### 1. 变量的声明

（1）显式声明

变量先定义后使用是较好的程序设计习惯。例如，C、C++和 Java 语言等，都要求在使用变量前先定义变量。

定义变量最常用的方法是使用 Dim...[As<VarType>]结构，其中，As 后指明数据类型，或在变量名称后附加类型说明字符来指明变量的数据类型。这种方式是显式定义变量。

例如：

```
Dim a as integer                        '定义整型变量a
Dim b,c as single                       '定义单精度变量b,c
```

（2）隐含声明

没有直接定义而通过一个值指定给变量名，或 Dim 定义中省略了 As <VarType>短语的变量，或当在变量名称后没有附加类型说明字符来指明隐含变量的数据类型时，默认为 Variant 数据类型。

```
Dim x                                   '隐式声明 Variant 类型变量 x
x=12                                    '此时 x 为整型
x='b'                                   '此时 x 为字符型
```

### 2. 强制声明

在默认情况下，VBA 允许在代码中使用未声明的变量，如果在模块设计窗口的顶部"通用-声明"区域中加入语句：Option Explicit，则强制要求所有变量必须定义才能使用。

### 3. 变量的作用域

在 VBA 编程中，变量定义的位置和方式不同，则它存在的时间和起作用的范围也有所不同，这就是变量的作用域与生命周期，可分为局部范围、模块范围、全局范围。

（1）局部变量（Local）

变量定义在模块的过程内部，过程代码执行时才可见。在子过程或函数内部使用 Dim、Static...As 关键字说明的变量就是局部范围的。

（2）模块变量（Module）

变量定义在模块的所有过程之外的起始位置，运行时在模块所包含的所有子过程和函数过程中可见。在模块的通用说明区，用 Dim、Static、Private...As 关键字定义的变量作用域都是模块范围。

（3）全局变量（Public）

变量定义在标准模块的所有过程之外的起始位置，运行时在所有类模块和标准模块的所有子过程与函数过程中都可见。在标准模块的变量定义区域，用 Public...As 关键字说明的变量就属于全局的范围。

### 4. 数据库对象变量

Access 建立的数据库对象及其属性均可被看成是 VBA 程序代码中的变量及其指定的值来加以引用。

例如，Access 中窗体与报表对象的引用格式为：

Forms！窗体名称！控件名称[.属性名称]

Reports！报表名称！控件名称[.属性名称]

属性名称缺省时，为控件基本属性。

关于 VBA 中的数据库对象的操作，在后面的章节中还有介绍。

### 5. 数组

数组是在有规则的结构中包含一种数据类型的一组数据，也称作数组元素变量。

定义格式如下：

Dim 数组名([下标下限 to]下标上限)

下标下限缺省值为 0。也可在 VBA 的模块声明部分使用"Option Base 1"语句，将数组的默认下标下限由 0 改为 1。

例如：

```
Dim NewArray(10) As Integer
  '定义了由 11 个整型数构成的数组，数组元素为 NewArray(0)至 NewArray(10)
Dim NewArray(1 to 10) As Integer
  '定义了由 10 个整型数构成的数组，数组元素为 NewArray(1)至 NewArray(10)
```

VBA 还支持多维数组。可在数组下标中加入多个数值，并以逗号分开，最多可定义 60 维。

例如：

```
Dim arr(2,3) as long
  '定义了 3*4=12 个长整型数构成的数组，数组元素为 arr(0,0)、arr(0,1)、…、arr(2,3)
```

VBA 还支持动态数组。当预先不知道数组需要多少元素时很有用。定义和使用方法是：先用 Dim 显式定义数组但不指明数组元素数目，然后用 ReDim 关键字来决定数组包含的元素数，以动态建立数组。

例如：

```
Dim t() as single                          '定义动态数组
…
ReDim t(20)                                 '分配数组空间大小
```

### 6. 变量标识命名法则

在 VBA 代码中变量名的命名规则是：必须用字母开头，最长只能有 255 个字符；可以包含字母、数字或下画线字符(_)；不能包含标点符号或空格等字符：+、-、/、*、!、<、>、.、@、$、&等；不能是 Visual Basic 关键字。

关键字是那些在 Visual Basic 中被系统用作语言的一部分的词，包括预定义语句（如 If 和 Loop）、函数（如 Len 和 Abs）和运算符（如 Or 和 Mod）等词。

### 7. 常量

在 VBA 中常量分为符号常量、系统常量和内部常量。

在 VBA 编程过程中，对于一些使用频率较高的常量，可以用符号常量形式来表示。符号常量使用关键字 Const 来定义，格式如下：

Const 符号常量名称 = 常量值

若是在模块的声明区中定义符号常量，则建立一个所有模块都可以用的全局符号常量。一般是 Const 前加 Global 或 Public 关键字。

Access 系统内部包含若干个启动时就建立的系统常量，有 True、False、Yes、No、On、Off

和 Null 等。在编码时可以直接使用。

　　VBA 提供了一些预定义的内部符号常量，它们主要作为 DoCmd 命令语句中的参数。内部常量以前缀 ac 开头。可以通过在"对象浏览器"窗口中选择"工程/库"列表的 Access 项，再在"类"列表中选择"全局"选项，Access 的内部的常量就可以列出了。

## 8.3.5　常用标准函数

标准函数一般用于表达式中，有的能和语句一样使用。

### 1. 算术函数

（1）绝对值函数：Abs(<表达式>)

功能：返回数值表达式的绝对值。

例如：

```
Abs(-8)=8
```

（2）向下取整函数：Int(<数值表达式>)

功能：返回数值表达式的向下取整的结果，参数为负数时，返回小于等于参数值的第一个负数。

例如：

```
Int(2.5)=2
Int(-2.5)=-3
```

（3）取整函数：Fix(<数值表达式>)

功能：返回数值表达式的整数部分，参数为负值时，返回大于等于参数值的第一个负数。

例如：

```
Int(2.5)=2
Int(-2.5)=-2
```

（4）四舍五入函数：Round(<数值表达式>[,<表达式>])

功能：按照指定的小数位数进行四舍五入运算。逗号后面的表达式是可选项，用于设置小数点右边应保留的位数，默认为 0。

例如：

```
Round(2.25)=2
Round(-2.25,1)=-2.3
Round(3.362,2)=3.36
```

（5）开平方函数：Sqr(<数值表达式>)

功能：计算数值表达式的平方根。

例如：

```
Sqr(9)=3
```

（6）产生随机数函数：Rnd[(<数值表达式>)]

功能：产生一个 0～1 的随机数，类型为单精度型。数值表达式参数为随机数种子，决定产生随机数的方式。如果值小于 0，每次产生相同的随机数；如果值大于 0，每次产生新的随机数；如果值等于 0，产生最近生成的随机数，且生成的随机数序列相同。缺省参数时，默认为大于 0。

例如：

```
Int(100*Rnd)                                  '产生[0，99]的随机整数
Int(101*Rnd)                                  '产生[0，100]的随机整数
```

```
Int(100*Rnd+1)                          '产生[1，100]的随机整数
Int(100+200*Rnd)                        '产生[100，299]的随机整数
Int(100+201*Rnd)                        '产生[100，300]的随机整数
```

### 2. 字符串函数

（1）字符串检索函数：InStr([Start,]<Str1>,<Str2>[,Compare])

功能：检索子字符串 Str2 在字符串 Str1 中最早出现的位置，返回一整型数。Start 为可选参数，为数值型，设置检索的起始位置。如省略，从第一个字符开始检索；如包含 Null 值，发生错误。Compare 也为可选参数，指定字符串比较的方法。值可以为 1、2 和 0（缺省）。0 做二进制比较，1 做不区分大小写的文本比较，2 做基于数据库中包含信息的比较。如值为 Null，会发生错误。如指定了 Compare 参数，则一定要有 Start 参数。

如果 Str1 的串长度为 0，或 Str2 表示的串检索不到，则 InStr 返回 0；如果 Str2 的串长度为 0，InStr 返回 Start 的值。

例如：

```
str1="abcdefgCDxyz"
str2="cd"
s=InStr(str1,str2)                      '返回 3
s=InStr(4,str1,str2,1)                  '返回 8
```

（2）字符串长度检测函数：Len(<字符串表达式>或<变量名>)

功能：返回字符串所含字符数。

例如：

```
Dim str as string*10                    '定义定长字符串变量 str
Dim i
str="123"
i=12
len1=len("12345")                       '返回 5
len2=len(12)                            '出错
len3=len(i)                             '返回 2
len4=len("考试中心")                     '返回 4
len5=len(str)                           '返回 10
```

（3）字符串截取函数

Left(<字符串表达式>,<N>)：从字符串左边起截取 N 个字符。

Right(<字符串表达式>,<N>)：从字符串右边起截取 N 个字符。

Mid(<字符串表达式>,<N1>，[N2])：从字符串左边第 N1 个字符起截取 N2 个字符。

对于 Left 函数和 Right 函数，如果 N 值为 0，返回零长度字符串；如果大于等于字符串的字符数，则返回整个字符串。对于 Mid 函数，如果 N1 值大于字符串的字符数，返回零长度字符串；如果省略 N2，返回字符串从左边第 N1 个字符起到末尾的所有字符。

例如：

```
str1="opqrst"
str2="计算机等级考试"
str=left(str1,3)                        '返回"opq"
```

```
str=left(str2,4)                          '返回"计算机等"
str=right(str1,2)                         '返回"st"
str=mid(str1,4,2)                         '返回"rs"
str=mid(str2,1,3)                         '返回"计算机"
str=mid(str2,4,)                          '返回"等级考试"
```

（4）生成空格字符函数：Space(<数值表达式>)

功能：返回数值表达式的值指定的空格字符数。

例如：

```
str1=space(3)                             '返回 3 个空格字符
```

（5）大小写转换函数

Ucase(<字符串表达式>)：将字符串中小写字母转换成大写字母。

Lcase(<字符串表达式>)：将字符串中大写字母转换成小写字母。

例如：

```
str1=ucase("abEFGcd")                     '返回"ABEFGCD"
str2=lcase("abEFGcd")                     '返回"abefgcd"
```

（6）删除空格函数

Ltrim(<字符串表达式>)：删除字符串开始的空格。

Rtrim(<字符串表达式>)：删除字符串尾部的空格。

Trim(<字符串表达式>)：删除字符串开始和尾部的空格。

例如：

```
str="  ab cde  "
str1=ltrim(str)                           '返回"ab cde  "
str2=rtrim(str)                           '返回"  ab cde"
str3=trim(str)                            '返回"ab cde"
```

### 3. 日期/时间函数

（1）获取系统日期和时间函数

Date()：返回当前系统日期。

Time()：返回当前系统时间。

Now()：返回当前系统日期和时间。

（2）截取日期分量函数

Year(<表达式>)；返回日期表达式年份的整数。

Month(<表达式>)：返回日期表达式月份的整数。

Day(<表达式>)；返回日期表达式日期的整数。

Weekday(<表达式>[,W])：返回 1～7 的整数，表示星期几。1 代表星期日，2 代表星期一……依此类推。

（3）截取时间分量函数

Hour(<表达式>)：返回时间表达式的小时数（0～23）。

Minute(<表达式>)：返回时间表达式的分钟数（0～59）。

Second(<表达式>)：返回时间表达式的秒数（0～59）。

（4）日期/时间增加或减少一个时间间隔

DateAdd(<间隔类型>,<间隔值>,<表达式>)：对表达式表示的日期按照间隔类型加上或减去指定的间隔值。其中，间隔类型见表 8.4。

表 8.4                            "间隔类型"参数设定值

| 设 置 | 描 述 | 设 置 | 描 述 |
| --- | --- | --- | --- |
| yyyy | 年 | W | 一周的日数 |
| Q | 季 | ww | 周 |
| M | 月 | h | 时 |
| Y | 一年的日数 | n | 分 |
| D | 日 | s | 秒 |

例如：

```
D=#2012/9/27 10:40:11#
D1=DateAdd("yyyy",3,D)                              '返回#2015/9/27 10:40:11#
D2=DateAdd("q",1,D)                                '返回#2012/12/27 10:40:11#
D3=DateAdd("m",-2,D)                               '返回#2012/7/27 10:40:11#
D4=DateAdd("n",-150,D)                             '返回#2012/9/27 8:10:11#
```

（5）计算两个日期的间隔值函数

DateDiff(<间隔类型>,<日期1>\<日期2>[,W1][,W2])：返回日期1和日期2之间按照间隔类型所指定的时间间隔数目。

间隔类型参数表示时间间隔，为一个字符串，其设定值见表8.4。参数 W1 为可选项，是一个指定一星期的第一天是星期几的常数，如省略，默认为 vbSunday。参数 W2 也为可选项，是一个指定一年的第一周的常数，如省略，默认值为 vbFirstJan1，即包含1月1日的星期为第一周，其参数设定值见表8.5。

表 8.5                           指定一年的第一周的常数

| 常 数 | 值 | 描 述 |
| --- | --- | --- |
| vbFirstJan1 | 1 | 从包含1月1日的星期开始（缺省值） |
| vbFirstFourDays | 2 | 从第一个其大半个星期在新的一年的一周开始 |
| vbFirstFullWeek | 3 | 从第一个无跨年度的星期开始 |

例如：

```
D1=#2011/10/15 12:40:11#
D2=#2012/8/5 9:40:21#
N1=DateDiff("yyyy",D1,D2)                          '返回1
N2=DateDiff("q",D2,D1)                             '返回-10
```

（6）返回日期指定时间部分函数

DatePart(<间隔类型>,<日期>[,W1][,W2])：返回日期中按照间隔类型所指定的时间部分值。

例如：

```
D=#2012/8/5 9:40:21#
N1=DatePart("yyyy",D)                              '返回2012
N2=DatePart("d",D)                                 '返回5
```

（7）返回包含指定年月日的日期函数

DateSerial(表达式1，表达式2，表达式3)：返回由表达式1值为年、表达式2值为月、表达式 3 值为日组成的日期值。

例如：

```
D=DateSerial(2012,10,1)                         '返回#2012/10/1#
```

### 4. 类型转换函数

（1）字符串转换字符代码函数：Asc(<字符串表达式>)

功能：返回字符串首字符的 ASCII 值。

例如：

```
S=Asc("abc")                                    '返回 97
```

（2）字符代码转换字符函数：Chr(<字符代码>)

功能：返回与字符代码相关的字符。

例如：

```
S=Chr(70)                                       '返回 f
S=Chr(13)                                       '返回回车符
```

（3）数字转换成字符串函数：Str(<数值表达式>)

功能：将数值表达式值转换成字符串。注意，当一数字转换成字符串时，总会在前面保留一空格来表示正负。

例如：

```
S=Str(99)                                       '返回" 99"
S=Str(-6)                                       '返回" -6"
```

（4）字符串转换成数字函数：Val(<字符串表达式>)

功能：将字符串转换成数值型数字。

例如：

```
S=Val("16")                                     '返回 16
S=Val("3 45")                                   '返回 345
S=Val("12abc34")                                '返回 12
```

（5）字符串转换日期函数：DateValue(<字符串表达式>)

功能：将字符串转换成日期值。

例如：

```
D=DateValue("february 9,2012")                  '返回#2021/2/9#
```

（6）Nz 函数：Nz(表达式或字段属性值[，规定值])

功能：当一个表达式或字段属性值为 Null 时，函数可返回 0、零长度字符串（""）或其他指定值。

# 8.4　VBA 流程控制语句

VBA 程序语句按照其功能不同分为两大类型：一是声明语句，用于给变量、常量或过程定义命名；二是执行语句，用于执行赋值操作、调用过程、实现各种流程控制。

执行语句又分为以下 3 种结构。

顺序结构：按照语句顺序顺次执行，例如赋值语句、过程调用语句等。

分支结构：又称选择结构，根据条件选择执行路径。

循环结构：重复执行某一段程序语句。

## 8.4.1　赋值语句

赋值语句是为变量指定一个值或表达式，通常以等号（＝）连接。

使用格式如下：

[Let]变量名=值或表达式

在此，Let 为可选项。

【例 8.1】　加法和乘法运算示例。

说明　　　　加数 1 文本框的名称为 num1，加数 2 文本框的名称为 num2，结果文本框的名称为 result，加法 1 命令按钮名称为 add1，加法 2 命令按钮名称为 add2。

窗体设计如图 8.2 所示。

代码设计视图如图 8.3 所示。

图 8.2　加法运算窗体设计图

图 8.3　加法运算代码设计图

说明　　　　运行窗体时，当单击窗体中的加法 1 按钮时得到的结果是 23，当单击窗体中的加法 2 按钮时得到的结果是 5，原因是文本框控件的值是文本类型，加法运算时进行的是文本的连接运算，若要进行数值加法，则要进行类型转换。

## 8.4.2　条件语句

根据条件表达式的值来选择程序运行语句。主要有以下结构。

**1．If—Then 语句（单分支结构）**

语句结构为：

If<条件表达式>　Then <语句体>

或

If<条件表达式>　Then

　<语句体>

End If

语句流程图如图 8.4 所示。

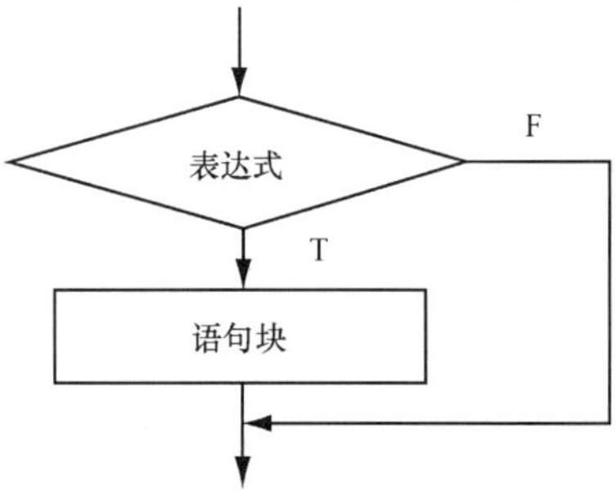

图 8.4　单分支结构流程图

【例 8.2】　自定义过程 Procedure1 的功能是：如果当前系统时间超过 12 点，则在立即窗口显示"下午好！"。代码设计如图 8.5 所示。

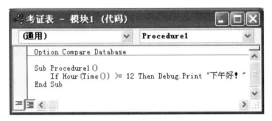

图 8.5　自定义过程代码设计图

### 2. If—Then—Else 语句（双分支结构）

语句结构为：

If<条件表达式> Then <条件为真时执行的语句体> Else <条件为假时执行的语句体>

或

If<条件表达式>　Then

　　<条件为真时执行的语句体 1>

Else

　　<条件为假时执行的语句体 2>

End If

语句流程图如图 8.6 所示。

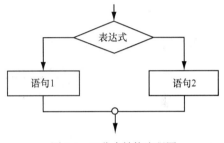

图 8.6　双分支结构流程图

【例 8.3】　计算圆面积。

　半径文本框名称为 bj，面积文本框名称为 mj，求面积命令按钮名称为 Command5，窗体设计如图 8.7 所示，代码设计如图 8.8 所示。

图 8.7　计算圆面积窗体设计图

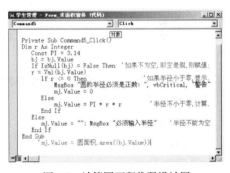

图 8.8　计算圆面积代码设计图

### 3. If—Then—ElseIf 语句（多分支结构）

语句结构为：

If<条件表达式 1>　Then

　　<条件表达式 1 为真时执行的语句体>

ElseIf<条件表达式 2>　Then

　　<条件表达式 2 为真时执行的语句体>

…

[Else

<所有条件表达式都为假时执行的语句体>]

End If

语句流程图如图 8.9 所示。

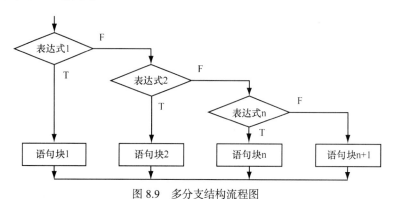

图 8.9　多分支结构流程图

【例 8.4】 根据成绩判断等级。代码设计如图 8.10 所示。

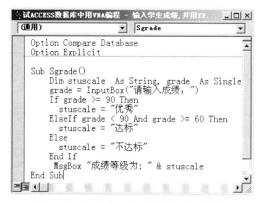

图 8.10　根据成绩判断等级代码设计图

## 4.　Select Case——End Select 结构

语句结构为：

Select Case <变量或表达式>

　　Case <表达式 1>

<语句块 1>

　　Case <表达式 2>

<语句块 2>

　　…

　　[Case Else

<语句块 n+1>]

End Select

语句流程图如图 8.11 所示。

【例 8.5】 根据月份判断春夏秋冬。代码设计如图 8.12 所示。

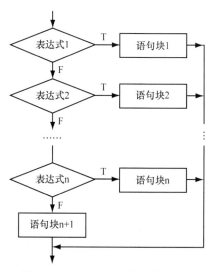

图 8.11　Select Case 语句结构流程图

图 8.12　根据月份判断春夏秋冬代码设计图

#### 5．条件函数

除上述条件语句结构外，VBA 还提供了 3 个函数来完成相应选择操作。

（1）**IIf 函数**：IIf(条件式，表达式 1，表达式 2)

该函数根据"条件式"的值来决定函数返回值。"条件式"值为"真（True）"，函数返回"表达式 1"的值；"条件式"值为"假（False）"，函数返回"表达式 2"的值。

例如：取变量 a，b 中的较大值赋给变量 max。

```
max=IIf(a>b,a,b)
```

（2）**Switch 函数**：Switch(条件式 1，表达式 1[，条件式 2，表达式 2[，条件式 n，表达式 n]])

该函数分别根据"条件式 1"、"条件式 2"，直至"条件式 n"的值来决定函数返回值。条件式是由左至右进行计算判断的，而表达式则会在第一个相关的条件式为 True 时作为函数返回值返回。如果其中有部分不成对，则会产生一个运行错误。

例如：根据变量 x 的值来为变量 y 赋值。

```
y=Switch(x>0,x=0,0,x<0,-1)
```

（3）**Choose 函数**：Choose(索引式，选项 1[，选项 2，…[，选项 n]])

该函数根据"索引式"的值来返回选项列表中的某个值。"索引式"值为 1，函数返回"选项 1"值；"索引式"值为 2，函数返回"选项 2"值；依此类推。这里，只有在"索引式"的值界于 1 和可选择的项目之间，函数才返回其后的选项值；当"索引式"的值小于 1 或大于列出的选择项数目时，函数返回无效值（Null）。

例如：根据变量 x 的值来为变量 y 赋值。

```
y=choose(x,5,m+1,n)
```

### 8.4.3　循环语句

循环语句可以实现重复执行一行或几行程序代码。VBA 支持以下循环语句结构。

#### 1．For—Next 语句

For 语句的格式：

For　循环变量 ＝ 初值　To　终值　[Step　步长]

　　[语句]

　　[Exit for]

　　　　[语句块]

Next　　[循环变量]

语句结构流程图如图 8.13 所示。

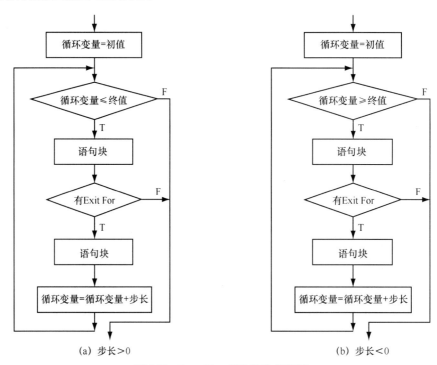

(a) 步长＞0　　　　　　　　　　　　　　　　　(b) 步长＜0

图 8.13　For—Next 语句结构流程图

【**例 8.6**】　从键盘接收 10 个数字，按从小到大的顺序排列。代码设计如图 8.14 所示。

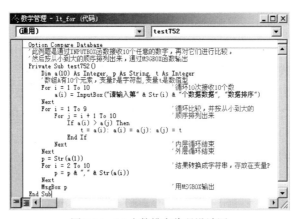

图 8.14　10 个数排序代码设计图

## 2. Do—Loop 语句

　　Do—Loop 语句也是一种循环语句，它有几种演变形式，但每种都先对条件进行判断，以决定是否继续执行。

（1）**格式 1**：

Do [While|Until] <条件>

[语句块]

　[Exit Do]

[语句块]

Loop

语句流程图如图 8.15 的 Do While…Loop 图所示。

（2）**格式 2：**

Do

　[语句块]

　[Exit Do]

　[语句块]

Loop　[While|Until <条件>]

语句流程图如图 8.15 的 Do…Loop While 图所示。

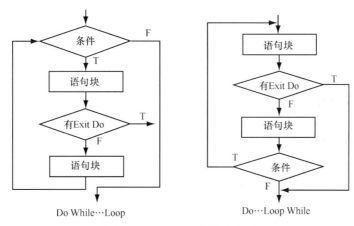

图 8.15　Do—Loop 语句流程图

【**例 8.7**】 计算 1+2+3+…+99+100 的和。代码设计如图 8.16 所示。

图 8.16　计算 1～100 的和代码设计图

### 3.　While—Wend 语句

While—Wend 循环与 Do While—Loop 结构类似，但不能在 While—Wend 循环中使用 Exit Do 语句。

格式如下：

While 条件式

循环体

Wend

### 8.4.4 其他语句——标号和 Goto 语句

Goto 语句用于实现无条件转移。使用格式为：

Goto 标号

Goto 语句是早期 BASIC 语言中常用的一种流程控件语句。它的使用，尤其是过量使用，会导致程序运行跳转频繁，程序控制和调试难度加大，因此在 VB、VBA 等程序设计语言中，都应尽量避免使用 Goto 语句，而代之以结构化程序语句。

# 8.5 过程调用和参数传递

本章开始已经介绍了 VBA 的子过程和函数过程两种类型模块过程及相应的创建方法。下面结合实例介绍过程的调用和过程的参数传递。

## 8.5.1 过程调用

### 1. 子过程的定义和调用

可以用 Sub 语句声明一个新的子过程、接受的参数和子过程代码。其定义格式如下：

[public|private] [static] sub 子过程名([<形参>])

　　[<子过程语句>]

　　[exit sub]

　　[<子过程语句>]

End sub

使用 public 关键字可以使这个过程适用于所有模块中的所有其他过程；用 private 关键字可以使该子过程只适用于同一模块中的其他过程。

子过程的调用形式有两种：

Call 子过程名([<实参>])或子过程名[<实参>]

【例 8.8】 编写一个打开指定窗体的子过程 openform()。代码如下：

```
Sub openforms(strformname as string)
  '打开窗体过程，参数 strformname 为需要打开的窗体名称
  If strformname="" then
     Msgbox "打开窗体名称不能为空! ",vbcritical,"警告"
     Exit sub
  End if
  Docmd.openform strformname
End sub
```

如果此时需要调用该子过程打开名为"学生管理"的窗体，只需在主调过程合适位置增添调用语句：

```
Call openforms("学生管理") 或 openforms "学生管理"
```

### 2．函数过程的定义和调用

可以使用 Function 语句定义一个新函数过程、接受的参数、返回的变量类型及运行该函数过程的代码。其定义格式如下：

[public|private][static] function　函数过程名([<形参>])[as 数据类型]

　　[<函数过程语句>]

　　[函数过程名=<表达式>]

　　[exit function]

　　[<函数过程语句>]

　　[函数过程名=<表达式>]

End function

函数过程的调用形式只有一种：函数过程名([<实参>])。

【例 8.9】 编写一个求解圆面积的函数过程 area()。代码如下：

```
Public function area(r as single) as single
   '新建函数 area，返回一个单精度型值；接受单精度型参数 r
   If r<=0 then
       Msgbox "圆的半径必须是正数值！", vbcritical, "警告"
       Area=0
       Exit function
   End if
   Area=3.14*r*r
End function
```

如果此时需要调用该函数过程计算半径为 5 的圆的面积，只要调用函数"area(5)"即可。

## 8.5.2　参数传递

由上面的过程定义式看，定义过程时，可以设置一个或多个形参（形式参数的简称），多个形参之间用逗号分隔。其中，每个形参的完整定义格式为：

[optional][byval][byref][paramarray]varname[()][as type][=defaultvalue]

各项含义如下。

varname：必需的，形参名称。遵循标准的变量命名约定。

type：可选项，传递给该过程的参数的数据类型。

optional：可选项，表示参数不是必需的。如果使用了 paramarray，则任何参数都不能使用 optional。

byval：可选项，表示该参数按值传递。

byref：可选项，表示该参数按地址传递。byref 是 VBA 的缺省选项。

paramarray：可选项，只用于形参的最后一个参数，指明最后这个参数是一个 variant 元素的 optional 数组。使用 paramarray 关键字可以提供任意数目的参数。但不能与 byval、byref 或 optional 一起使用。

defaultvalue：可选项，任何常数或常数表达式。只对 optional 参数合法。如果类型为 object，则显示的缺省值只能是 nothing

含参数的过程被调用时，主调过程中调用式必须提供相应的实参，并通过实参向形参传递的方式完成过程操作。

关于实参向形参的数据传递，还需了解以下内容。

（1）实参可以是常量、变量或表达式。

（2）实参数目和类型应该与形参数目和类型相匹配。除非形参定义含 optional 和 paramarray 选项，参数、类型可能不一致。

（3）传值调用（byval 选项）的"单向"作用形式与传址调用（byref 选项）的"双向"作用形式。

【例8.10】 举例说明有参过程应用。其中主调过程 test_click()，被调过程 getdata()。

```
'主调过程
Private sub test_click()
  Dim j as integer
  j=5
  Call getdata(j)                          '调用过程，传递实参 j
  Msgbox j
End sub
'被调过程
Private sub getdata(byref as integer)
  '形参 f 被说明为 byref 传址形式的整型量
  f=f+2
End sub
```

当运行 test_click()过程并调用 getdata()后，执行 msgbox j 语句，会显示实参 j 的值已经变成 7。

# 8.6　VBA 程序运行错误处理

无论怎样为程序代码作彻底的测试与排错，程序错误仍可能出现。VBA 中提供 On Error GoTo 语句来控制当有错误发生时程序的处理。

On Error GoTo 指令的一般语法如下：

On Error GoTo 标号

On Error Resume Next

On Error GoTo 0

【例8.11】 错误处理应用。

```
Private sub test_cick()
  On error goto errhandle              '监控错误，安排错误处理至标号 errhandle 位置
  Error 11                             '模拟产生代码 11 的错误
  Msgbox "no error! "
  Exit sub
  Errorhandle:                    .     '设置标号
  Msgbox err.number                    '显示错误代码（显示为 11）
  Msgbox error$(err.number)            '显示错误名称（显示为"除数为零"）
End sub
```

# 8.7　VBA 程序的调试

### 1. "断点"概念

所谓"断点"就是在过程的某个特定语句上设置一个位置点以中断程序的执行。"断点"的设置和使用贯穿程序调试运行的整个过程。

"断点"设置和取消有如下 4 种方法。

（1）选择语句行，单击"调试"工具栏中的"切换断点" 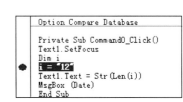，可以设置和取消"断点"。

（2）选择语句行，单击"调试"菜单中的"切换断点"项，可以设置和取消"断点"。

（3）选择语句行，按下键盘 F9 键，可以设置和取消"断点"。

（4）选择语句行，鼠标光标移至行首单击，可以设置和取消"断点"。

在 VBE 环境里，设置好的"断点"行是以"酱色"亮杠显示，如图 8.17 所示。

图 8.17　"断点"设置

### 2. 调试工具的使用

在 VBA 环境中，右键单击菜单的空白位置，从弹出的快捷菜单中选择"调试"命令，就会打开"调试"工具栏。调试工具栏一般与"断点"配合使用进行各种调试操作。

调试工具栏中主要按钮功能说明见表 8.6。

表 8.6　　　　　　　　　　　　　　调试工具栏按钮功能说明

| 按　钮 | 名　称 | 快捷键 | 功　　能 |
|---|---|---|---|
| | 设计模式 | | 打开或关闭设计模式 |
| | 继续 | | 在调试运行的"中断"阶段程序继续运行至下一个断点位置或结束程序 |
| | 中断运行 | | 用于暂时中断程序运行，进行分析 |
| | 重新设置 | | 结束正在运行的程序，重新进入模块设计状态 |
| | 切换断点 | | 用于设置/取消"断点" |
| | 逐语句 | F8 | 用于单步跟踪操作。每操作一次，程序执行一步。当遇到调用过程语句时，会跟踪到被调用过程内部去执行 |
| | 逐过程 | Shift+F8 | 在调试过程中，当遇到调用过程语句时，不会跟踪进入被调用过程内部，而是在本过程内单步执行 |
| | 跳出 | Ctrl+Shift+F8 | 在调试过程内部正在调试运行的程序提前结束被调过程代码的调试，返回到调用过程调用语句的下一条语句行 |
| | 本地窗口 | | 打开"本地窗口"窗口 |
| | 立即窗口 | | 打开"立即窗口"窗口 |
| | 监视窗口 | | 打开"监视窗口"窗口 |
| | 快速监视 | | 在中断模式下，先在程序代码区选定某个变量或表达式，然后单击"快速监视"工具钮，则打开"快速监视"窗口 |
| | 调用堆栈 | | 显示在中断模式期间活动的过程调用 |

# 8.8　本章小结

　　本章简要介绍了模块的基本概念和创建方法，主要介绍了 VBA 的编程环境；VBA 中常量、变量、表达式、函数的使用；VBA 中常用语句；VBA 程序流程控制语句；还有数组的概念及应用。通过本章的学习，应掌握 VBA 编程的基本方法，理解面向对象机制，熟悉可视化编程环境，为使用 VBA 程序设计语言开发出功能强大的数据库应用程序打好基础。

# 8.9　练　　习

## 1. 选择题

（1）下列关于 VBA 事件的叙述中正确的是（　　）。（2012 年 3 月计算机二级 Access 试题）

　　　A. 触发相同的事件可以执行不同的事件过程

　　　B. 每个对象的事件都是不相同的

　　　C. 事件都是由用户操作触发的

　　　D. 事件可以由程序员定义

（2）下列不属于类模块对象基本特征的是（　　）。（2012 年 3 月计算机二级 Access 试题）

　　　A. 事件　　　　　　B. 属性　　　　　　C. 方法　　　　　　D. 函数

（3）用来测试当前读写位置是否达到文件末尾的函数是（　　）。（2012 年 3 月计算机二级 Access 试题）

　　　A. EOF　　　　　　B. FileLen　　　　　C. Len　　　　　　D. LOF

（4）下列表达式中，能够保留变量 x 整数部分并进行四舍五入的是（　　）。（2012 年 3 月计算机二级 Access 试题）

　　　A. Fix(x)　　　　　B. Rnd(x)　　　　　C. Round(x)　　　　D. Int(x)

（5）运行下列过程，当输入一组数据：10，20，50，80，40，30，90，100，60，70，输出的结果应该是（　　）。（2012 年 3 月计算机二级 Access 试题）

```
Sub p1( )
  Dim i, j, arr(11) As Integer
  k = 1
  while k <= 10
  arr(k) = Val(InputBox("请输入第" & k & "个数：", "输入窗口" ))
  k = k + 1
  Wend
  For i = 1 To 9
    j = i + 1
    If arr(i ) > arr(j)  Then
      temp = arr(i)
      arr(i) = arr(j)
      arr(j) = temp
    End If
  Debug.Print arr(i)
```

```
    Next i
End Sub
```

    A. 无序数列　　　　B. 升序数列　　　　C. 降序数列　　　　D. 原输入数列

（6）下列程序的功能是计算 N = 2+(2+4)+(2+4+6)+…+(2+4+6+…+40)的值。

```
Private Sub Command34_Click( )
  t = 0
  m = 0
  sum = 0
  Do
  t = t+m
  sum = sum + t
  m = _____
  Loop while m < 41
  MsgBox "Sum = " & sum
End Sub
```

    空白处应该填写的语句是（　　　）。（2012 年 3 月计算机二级 Access 试题）

    A. t + 2　　　　　　B. t + 1　　　　　　C. m + 2　　　　　　D. m + 1

（7）要将"选课成绩"表中学生的"成绩"取整，可以使用的函数是（　　　）。（2011 年 9 月
计算机二级 Access 试题）

    A. Abs([成绩])　　　　　　　　　　　B. Int([成绩])

    C. Sqr([成绩])　　　　　　　　　　　D. Sgn([成绩])

（8）在打开窗体时，依次发生的事件是（　　　）。（2011 年 9 月计算机二级 Access 试题）

    A. 打开（Open）→加载（Load）→调整大小（Resize）→激活（Activate）

    B. 打开（Open）→激活（Activate）→加载（Load）→调整大小（Resize）

    C. 打开（Open）→调整大小（Resize）→加载（Load）→激活（Activate)

    D. 打开（Open）→激活（Activate）→调整大小（Resize）→加载（Load）

（9）在宏表达式中要引用 Form1 窗体中的 txt1 控件的值，正确的引用方法是（　　　）。（2011
年 9 月计算机二级 Access 试题）

    A. Form1!txt1　　　　　　　　　　　B. txt1

    C. Forms!Form1!txt1　　　　　　　　D. Forms!txt1

（10）将一个数转换成相应字符串的函数是（　　　）。（2011 年 9 月计算机二级 Access 试题）

    A. Str　　　　　　B. String　　　　　C. Asc　　　　　　D. Chr

（11）VBA 中定义符号常量使用的关键字是（　　　）。（2011 年 9 月计算机二级 Access 试题）

    A. Const　　　　　B. Dim　　　　　　C. Public　　　　　D. Static

（12）由"For i = 1 To 16 Step 3"决定的循环结构被执行（　　　）。（2011 年 9 月计算机二级
Access 试题）

    A. 4 次　　　　　　B. 5 次　　　　　　C. 6 次　　　　　　D. 7 次

（13）可以用 InputBox 函数产生"输入对话框"。执行语句：

```
st = InputBox("请输入字符串","字符串对话框","aaaa")
```

    当用户输入字符串"bbbb"，按 OK 按钮后，变量 st 的内容是（　　　）。（2011 年 9 月
计算机二级 Access 试题）

    A. aaaa　　　　　　　　　　　　　　B. 请输入字符串

    C. 字符串对话框　　　　　　　　　　D. bbbb

（14）下列不属于 VBA 函数的是（    ）。（2011 年 9 月计算机二级 Access 试题）

    A．Choose          B．If          C．IIf          D．Switch

（15）若有以下窗体单击事件过程：

```
Private Sub Form_Click()
  result = 1
  For i = 1 To 6 Step 3
    result = result * i
  Next i
  MsgBox result
End Sub
```

    打开窗体运行后，单击窗体，则消息框的输出内容是（    ）。（2011 年 9 月计算机二级 Access 试题）

    A．1          B．4          C．15          D．120

（16）窗体中有命令按钮 Command32，其 Click 事件代码如下。该事件的完整功能是：接收从键盘输入的 10 个大于 0 的整数，找出其中的最大值和对应的输入位置。

```
Private Sub Command32_Click()
  max = 0
  max_n = 0
  For i = 1 To 10
    num = Val(InputBox("请输入第"&i&"个大于 0 的整数："))
    if _____ Then
      max = num
      max_n = i
    End If
  Next i
  MsgBox("最大值为第"&max_n&"个输入的"&max)
End Sub
```

程序空白处应该填入的表达式是（    ）。（2011 年 9 月计算机二级 Access 试题）

    A．num > I          B．i < max          C．num > max          D．num < max

（17）若有如下 Sub 过程：

```
Sub sfun ( x As Single, y As Single )
  t = x
  x = t / y
  y = t Mod y
End Sub
```

往窗体中添加一个命令按钮 Command33，对应的事件过程如下：

```
Private Sub Command33_Click()
  Dim a As Single
  Dim b As Single
  a = 5 : b = 4
  sfun( a, b )
  MsgBox a & chr(10) + chr (13) & b
End Sub
```

打开窗体运行后，单击命令按钮，消息框中有两行输出，内容分别为（    ）。（2011 年 9 月计算机二级 Access 试题）

    A．1 和 1          B．1.25 和 1          C．1.25 和 4          D．5 和 4

（18）运行下列程序，显示的结果是（　　　）。（2011 年 9 月计算机二级 Access 试题）

```
Private Sub Command34_Click()
 i = 0
 Do
  i = i + 1
 Loop While i < 10
 MsgBox i
End Sub
```

    A. 0　　　　　　　　　B. 1　　　　　　　　　C. 10　　　　　　　D. 11

（19）运行下列程序，在立即窗口显示的结果是（　　　）。（2011 年 9 月计算机二级 Access
　　试题）

```
Private Sub Command0_Click()
 Dim I As Integer, J As Integer
 For I = 2 To 10
   For J = 2 To I/2
     If I mod J = 0 Then
     Exit For
   Next J
   If J > sqr(I) Then
   Debug.Print I;
 Next I
End Sub
```

    A. 1 5 7 9　　　　　　　B. 4 6 8　　　　　　　C. 3 5 7 9　　　　D. 2 3 5 7

（20）运行下列程序段，结果是（　　　）。（2011 年 3 月计算机二级 Access 试题）

```
For m = 10 To 1 Step 0
 k = k + 3
Next m
```

    A. 形成死循环

    B. 循环体不执行即结束循环

    C. 出现语法错误

    D. 循环体执行一次后结束循环

## 2. 填空题

（1）已知：Dim rs As new ADODB.RecordSet，在程序中为了得到记录集的下一条记录，应该
　　使用的方法是 rs._____。（2012 年 3 月计算机二级 Access 试题）

（2）在 VBA 中，没有显式声明或使用符号来定义的变量，其数据类型默认是_____。
　　（2012 年 3 月计算机二级 Access 试题）

（3）下列程序的功能是：输入 10 个整数，逆序后输出，在程序空白处填入适当语句使程序
　　完成指定的功能。（2012 年 3 月计算机二级 Access 试题）。

```
Private Sub Command2_Click( )
 Dim i, j, k, temp, arr(11) As Integer
 Dim result As String
 For k = 1 To 10
   arr(k) = Val(InputBox("请输入第" &k&"个数：", "数据输入窗口"))
 Next k
 i = 1
 j = 10
```

```
  Do
    temp = arr(i)
    arr(i) = arr(j)
    arr(j) = temp
    i = i + 1
    j = _____
  Loop While
  result = ""
  For k = 1 To 10
    result = result & arr(k)&Chr(13)
  Next k
  MsgBox result
End Sub
```

（4）已经设计出一个表格式窗体，可以输出教师表的相关字段信息，请按照以下功能要求补充设计：改变当前记录，消息框弹出提示"是否删除该记录？"，单击"是"，则直接删除该当前记录；单击"否"，则什么都不做，其效果图如下：（2012 年 3 月计算机二级 Access 试题）

```
'单击"退出"按钮，关闭窗体
Private Sub btnCancel_Click( )
    [请补充此处代码]
End Sub  '表格式窗体当前记录变化时触发
Private Sub Form_Current( )
  If MsgBox("是否删除该记录？", vbQuestion + vbYesNo, "确认" ) = vbYes Then
      [请补充此处代码]
  End If
End Sub
```

（5）若窗体名称为 Form1，则将该窗体标题设置为"Access 窗体"的语句是_____。（2011 年 9 月计算机二级 Access 试题）

（6）下列程序段的功能是求 1 到 100 的累加和。在空白处填入适当的语句，使程序完成指定的功能。（2011 年 9 月计算机二级 Access 试题）

```
Dim s As Integer, m As Integer s = 0 m = 1
  do While_____
    s = s + m
    m = m + 1
Loop
```

（7）下列程序的功能是求算式：1-1/2+1/3-1/4+…前 30 项之和。在空白处填入适当的语句，使程序可以完成指定的功能。（2011 年 9 月计算机二级 Access 试题）

```
Private Sub Command1_Click()
  Dim i as Integer,  s As Single, f As Integer
  s = 0 : f = 1
  For i = 1 To 30
    s = s + f/i
    f = _____
  Next i
  Debug.Print "1-1/2+1/3-1/4+…="; s
End Sub
```

（8）有一个标题为"登录"的用户登录窗体，窗体上有两个标签，标题分别为"用户名："
　　和"密码："，用于输入用户名的文本框名为"UserName"，用于输入密码的文本框名
　　为"UserPassword"，用于进行倒计时显示的文本框名为"Tnum"，窗体上有一个标题
　　为"确认"的按钮名为"OK"，用于输入完用户名和密码后单击此按钮确认。（2011
　　年 9 月计算机二级 Access 试题）

　　输入用户名和密码，如用户名或密码错误，则给出提示信息；如正确，则显示"欢迎使用！"
信息，要求整个登录过程在 30 秒内完成，如果超过 30 秒还没有完成正确的登录操作，则程序给
出提示自动终止整个登录过程。在程序空白处填入适当的语句，使程序完成指定的功能。

```
Option Compare Database Dim Second As Integer
Private Sub Form_Open(Cancel As Integer)
  Second = 0
End Sub
Private Sub Form_Timer()
  If Second > 30 Then
      MsgBox "请在 30 秒中登录", vbCritical, "警告"
      DoCmd.Close
  Else
      Me!Tnum = 30 - Second                         '倒计时显示
  End If
  Second = _____
End Sub
Private Sub OK_Click()
  If Me.UserName <> "123" Or Me.UserPassword <> "456" Then
    MsgBox "错误!" + "您还有" & 30 - Second & "秒", vbCritical, "提示"
  Else
    Me.TimerInterval = _____    '终止 Timer 事件继续发生
    MsgBox "欢迎使用！", vbInformation, "成功"
    DoCmd.Close
  End If
End Sub
```

（9）运行下列程序，窗体中的显示结果是：x=_____ 。（2011 年 3 月计算机二级 Access 试题）

```
Option Compare Database
Dim x As Integer
Private Sub Form_Load()
  x = 3
End Sub
Private Sub Command11_Click()
  Static a As Integer
  Dim b As Integer
  b = x ^ 2
  fun1 x, b
  fun1 x, b
  MsgBox "x = " & x
End Sub
Sub fun1(ByRef y As Integer, ByVal z As Integer)
  y = y + z
  z = y - z
End Sub
```

（10）运行下列程序，输入如下两行"Hi, I am here."，弹出的窗体中的显示结果是_____。
（2011 年 3 月计算机二级 Access 试题）

```
Private Sub Command11_Click()
  Dim abc As String, sum As String
  sum = ""
  Do
    abc = InputBox("输入 abc")
    If Right(abc, 1) = "." Then   Exit Do
    sum = sum + abc
  Loop
  MsgBox sum
End Sub
```

（11）在 VBA 中要将数值表达式的值转换为字符串，应使用函数_____。（2011 年 3 月计算机二级 Access 试题）

（12）若要在宏中打开某个数据表，应使用的宏命令是_____。（2011 年 3 月计算机二级 Access 试题）

# 第9章
# VBA 数据库编程

第8章内容只是Access的模块编程基础，要开发应用程序，还必须学习和掌握VBA的一些实用编程技术，主要是数据库编程技术。此外，与其他面向对象开发工具一样，Access的模块编程也用到一些常用技术和操作。

本章主要介绍VBA中的一些定式操作。同时对VBA数据库编程开发进行分析。

## 9.1 VBA 常见操作

在VBA编程过程中会经常用到一些操作，例如打开或关闭某个窗体和报表，给某个量输入一个值，根据需要显示一些提示信息，对控件输入数据进行验证或实现一些"定时"功能等，这些功能就可以使用VBA的输入框、消息框及计时事件Timer等来完成。

### 9.1.1 打开和关闭操作

#### 1. 打开窗体操作

打开窗体的命令格式为：

DoCmd.OpenForm formname[,view][,filtername][,wherecondition][,datamode][,windowmode]

【例9.1】 以对话框形式打开名为"学生信息浏览"窗体。

```
Docmd.openform "学生信息浏览",,,,,acdialog
```

#### 2. 打开报表操作

打开报表的命令格式为：

DoCmd.OpenReport reportname[,view][,filtername][,wherecondition]

【例9.2】 预览名为"学生考证报名"报表。

```
Docmd.openreport "学生考证报名",acviewpreview
```

#### 3. 关闭操作

关闭的命令格式为：

DoCmd.Close[objecttype][,objectname][,save]

【例9.3】 关闭名为"学生信息浏览"窗体。

```
Docmd.close acform, "学生信息浏览"
```

### 9.1.2 输入框

输入框用于在一个对话框中显示提示，等待用户输入正文并按下按钮，返回包含文本框内容的字符串数据信息。它的功能在 VBA 中是以函数的形式调用和使用，其使用格式如下：

InputBox(prompt[,title][,default][,xpos][,ypos][,helpfile,context])

【例 9.4】 如图 9.1 所示显示的是打开输入对话框的一个例子。

调用以下语句：

```
strname=inputbox("请输入姓名：","msg")
```

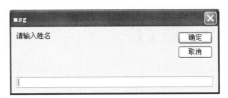

图 9.1　Inputbox 对话框

## 9.1.3　消息框

消息框用于在对话框中显示消息，等待用户单击按钮，并返回一个整型值，告诉用户单击哪一个按钮。其使用格式如下：

MsgBox(prompt[,buttons][,title][,helpfile][,context])

【例 9.5】 如图 9.2 所示显示的是打开消息对话框的一个例子。

调用以下语句：

```
MsgBox "数据处理结束！",vbinformation, "消息"
```

图 9.2　Msgbox 对话框

## 9.1.4　VBA 编程验证数据

使用窗体和数据访问页，每当保存记录数据时，所做的更改便会保存到数据源表当中。在控件中的数据被改变之前或记录数据被更新之前会发生 BeforeUpdate 事件。通过创建窗体或控件的 BeforeUpdate 事件过程，可以实现对输入窗体控件中的数据进行各种验证。例如，数据类型验证、数据范围验证等。

【例 9.6】 对窗体 test 上文本框控件 txtAge 中输入的学生年龄数据进行验证。要求：该文本框中只接受 15 到 30 之间的数值数据，提示取消不合法数据。

添加该文本控件的 BeforeUpdate 事件过程代码如下：

```
Private Sub txtAge_BeforeUpdate(Cancel As Integer)
  If Me!txtAge="" Or IsNull(Me!txtAge) then        '数据为空时的验证
    MsgBox "年龄不能为空！",VbCritical, "警告"
    Cancel=True                                    '取消 BeforeUpdate 事件
  ElseIf IsNumeric(Me!txtAge)=False then           '非数值数据输入的验证
    MsgBox "年龄必须输入数值数据！",VbCritical, "警告"
    Cancel=True                                    '取消 BeforeUpdate 事件
  ElseIf Me!txtAge<15 or Me!txtAge>30 then         '非法范围数据输入的验证
    MsgBox "年龄为 15-30 范围数据！",VbCritical, "警告"
    Cancel=True                                    '取消 BeforeUpdate 事件
  Else
    MsgBox "数据验证 OK！",Vbinformation, "通告"
  End If
End Sub
```

控件的 BeforeUpdate 事件过程是有参过程。通过设置其参数 Cancel，可以确定 BeforeUpdate 事件是否会发生。将 Cancel 参数设置为 True 将取消 BeforeUpdate 事件。

### 9.1.5　计时事件（Timer）

VB 中提供 Timer 时间控件可以实现"定时"功能。但 VBA 并没有直接提供 Timer 时间控件，而是通过设置窗体的"计时器间隔"（TimerInterval）属性与添加"计时器触发"（Timer）事件来完成类似"定时"功能。

其处理过程是：Timer 事件每隔 TimerInterval 时间间隔就会被激发一次，并运行 Timer 事件过程来响应。这样重复不断，即实现"实时"处理功能。

### 9.1.6　鼠标和键盘事件处理

#### 1．鼠标操作

涉及鼠标操作的事件主要有 MouseDown（鼠标按下）、MouseMove（鼠标移动）和 MouseUp（鼠标抬起）3 个，其事件过程形式为（XXX 为控件对象名）：

XXX_MouseDown(Button As Integer, Shift As Integer, X As Single, Y As Single)

XXX_MouseMove(Button As Integer, Shift As Integer, X As Single, Y As Single)

XXX_MouseUp(Button As Integer, Shift As Integer, X As Single, Y As Single)

其中 Button 参数用于判断鼠标操作的是左中右哪个键，可以分别用符号常量 acLeftButton（左键 1）、acRightButton（右键 2）和 acMiddleButton（中键 4）来比较。Shift 参数用于判断鼠标操作的同时键盘控制键的操作，可以分别用符号常量 acAltMask（Shift 键 1）、acAltMask（Ctrl 键 2）和 acAltMask（Alt 键 4）来比较，X 和 Y 参数用于返回鼠标操作的坐标位置。

#### 2．键盘事件

涉及键盘操作的事件主要有 KeyDown（键按下）、KeyPress（键按下）和 KeyUp（键抬起）3 个，其事件过程形式为（XXX 为控件对象名）：

XXX_KeyDown (KeyCode As Integer, Shift As Integer)

XXX_KeyPress(KeyAscii As Integer)

XXX_KeyUp(KeyCode As Integer,Shift As Integer)

其中 KeyCode 参数和 KeyAscii 参数均用于返回键盘操作键的 ASCII 值。这里，KeyDown 和 KeyUp 的 KeyCode 参数用于识别或区别扩展字符键（F1～F12）、定位键（Home、End、PageUp、PageDown、向上键、向下键、向右键、向左键及 Tab）、键的组合和标准的键盘更改键（Shift、Ctrl 或 Alt）及数字键盘或键盘数字键字符。KeyPress 的 KeyAscii 参数常用于识别或区别英文大小写、数字及换行（13）和取消（27）等字符。Shift 参数用于判断键盘操作的同时控制键的操作。用法同上。

# 9.2　VBA 的数据库编程

在前面的章节中已经介绍了使用各种类型的 Access 数据库对象来处理数据的方法和形式。实际上，要想快速、有效地管理好数据，开发出更具实用价值的 Access 数据库应用程序，还应当了解和掌握 VBA 的数据库编程方法。

## 9.2.1 数据库引擎及其接口

在 Microsoft Office VBA 中，主要提供了 3 种数据库访问接口：开放数据库互连应用编程接口（Open Database Connectivity API，ODBC API）、数据访问对象（Data Access Objects， DAO）和 ActiveX 数据对象（ActiveX Data Objects，ADO）。

## 9.2.2 VBA 访问的数据库类型

VBA 访问的数据库有 3 种：

- JET 数据库，即 Microsoft Access。
- ISAM 数据库，如 dBase、FoxPro 等。ISAM（Indexed Sequential Access Method，索引顺序访问方法）是一种索引机制，用于高效访问文件中的数据行。
- ODBC 数据库，凡是遵循 ODBC 标准的客户机/服务器数据库，如 Microsoft SQL Server、Oracle 等。

## 9.2.3 数据访问对象（DAO）

### 1. DAO 模型结构

DAO 模型包含了一个复杂的可编程数据关联对象的层次。其中 DBEngine 对象处于最顶层，它是模型中唯一不被其他对象所包含的数据库引擎本身。

### 2. 利用 DAO 访问数据库

通过 DAO 编程实现数据库访问时，首先要创建对象变量，然后通过对象方法和属性来进行操作。下面给出数据库操作一般语句和步骤。

程序段：

```
'定义对象变量
Dim ws As Workspace
Dim db As Database
Dim rs As RecordSet
'通过 Set 语句设置各个对象变更的值
Set ws=DBEngine.Workspace(0)                '打开默认工作区
Set db=ws.OpenDatabase(<数据库文件名>)       '打开数据库文件
Set rs=db.OpenRecordSet(<表名、查询名或 SQL 语句>)  '打开数据记录集
Do While Not rs.EOF                         '利用循环结构遍历整个记录集直至末尾
   ...                                      '安排字段数据的各类操作
   rs.MoveNext                              '记录指针移至下一条
Loop
rs.close                                    '关闭记录集
db.close                                    '关闭数据库
Set rs=Nothing                              '回收记录集对象变量的内存占有
Set db=Nothing                              '回收数据库对象变量的内存占有
...
```

## 9.2.4 ActiveX 数据对象（ADO）

ActiveX 数据对象（ADO）是基于组件的数据库编程接口，它是一个和编程语言无关的 COM

组件系统，可以对来自多种数据提供者的数据进行读取和写入操作。

### 1. ADO 对象模型

ADO 对象模型是提供一系列组件对象供使用。其主要对象如下。

- Connection 对象：用于建立与数据库的连接。
- Command 对象：在建立数据库连接后，可以发出命令操作数据源。
- Recordset 对象：表示数据操作返回的记录集。
- Field 对象：表示记录集中的字段数据信息。
- Error 对象：表示数据提供程序出错时的扩展信息。

### 2. 主要 ADO 对象使用

在实际编程过程中，使用 ADO 存取数据的主要对象操作如下。

① 连接数据源。

② 打开记录集对象或执行查询。

③ 使用记录集。

④ 关闭连接或记录集。

### 3. 利用 ADO 访问数据库一般过程和步骤

具体可参阅以下程序段分析。

① 在 Connection 对象上打开 RecordSet。

```
    ...
'创建对象引用
Dim cn As new ADODB.Connection          '创建一连接对象
Dim rs As new ADODB.RecordSet           '创建一记录集对象
cn.Open <连接串等参数>                    '打开一个连接
rs.Open <查询串等参数>                    '打开一个记录集
Do While Not rs.EOF                     '利用循环结构遍历整个记录集直至末尾
  ...                                   '安排字段数据的各类操作
    rs.MoveNext                         '记录指针移至下一条
Loop
rs.close                                '关闭记录集
cn.close                                '关闭连接
Set rs=Nothing                          '回收记录集对象变量的内存占有
Set cn=Nothing                          '回收连接对象变量的内存占有
...
```

② 在 Command 对象上打开 RecordSet。

```
...
'创建对象引用
Dim cm As new ADODB.Command             '创建一命令对象
Dim rs As new ADODB.RecordSet           '创建一记录集对象
'设置命令对象的活动连接、类型及查询等属性
With cm
.ActiveConnection=<连接串>
.CommandType=<命令类型参数>
.CommandText=<查询命令串>
End With
Rs.Open cm,<其他参数>                     '设定 rs 的 ActiveConnection 属性
Do While Not rs.EOF                     '利用循环结构遍历整个记录集直至末尾
```

```
    ...                                   '安排字段数据的各类操作
    rs.MoveNext                           '记录指针移至下一条
Loop
rs.close                                  '关闭记录集
Set rs=Nothing                            '回收记录集对象变量的内存占有
...
```

# 9.3　本章小结

本章主要介绍了 VBA 的常见操作以及 VBA 的数据库编程。

# 9.4　练　　习

1. **选择题**

利用 ADO 访问数据库的步骤是：

① 定义和创建 ADO 实例变量；

② 设置连接参数并打开连接；

③ 设置命令参数并执行命令；

④ 设置查询参数并打开记录集；

⑤ 操作记录集；

⑥ 关闭、回收有关对象。

这些步骤的执行顺序应该是（　　　）。（2012 年 3 月计算机二级 Access 试题）

A. ①④③②⑤⑥　　　　　　　　B. ①③④②⑤⑥

C. ①③④⑤②⑥　　　　　　　　D. ①②③④⑤⑥

2. **填空题**

（1）数据库中有"平时成绩表"，包括"学号"、"姓名"、"平时作业"、"小测验"、"期中考试"、"平时成绩"和"能否考试"等字段，其中，平时成绩 = 平时作业*50%+小测验*10%+期中成绩*40%，如果学生平时成绩大于等于 60 分，则可以参加期末考试（"能否考试"字段为真），否则学生不能参加期末考试。下面的程序按照上述要求计算每名学生的平时成绩，并确定是否能够参加期末考试。在空白处填入适当的语句，使程序可以完成所需的功能。（2011 年 9 月计算机二级 Access 试题）

```
Private Sub Command0_Click()
  Dim db As DAO.Database
  Dim rs As DAO.Recordset
  Dim pszy As DAO.Field, xcy As DAO.Field, qzks As DAO.Field
  Dim ps As DAO.Field, ks As DAO.Field
  Set db = CurrentDb()
  Set rs = db.OpenRecordSet("平时成绩表")
  Set pszy = rs.Fields("平时作业")
  Set xcy = rs.Fields("小测验")
```

```
     Set qzks = rs.Fields("期中考试")
     Set ps = rs.Fields("平时成绩")
     Set ks = rs.Fields("能否考试")
     Do While Not rs.EOF
      rs.Edit
      ps = _____
      If ps >= 60 Then
        ks = True
      Else
        ks = False
      End If
      rs. _____
      rs.MoveNext
     Loop
     rs.Close
     db.Close
     Set rs = Nothing
     Set db = Nothing
End Sub
```

（2）数据库中有"学生成绩表"，包括"姓名"、"平时成绩"、"考试成绩"和"期末总评"
等字段，现要根据"平时成绩"和"考试成绩"对学生进行"期末总评"。规定："平时成绩"加
"考试成绩"大于等于 85 分，则期末总评为"优"；"平时成绩"加"考试成绩"小于 60 分，则
期末总评为"不及格"；其他情况期末总评为"合格"。 下面的程序按照上述要求计算每名学生
的期末总评。在空白处填入适当的语句，使程序可以完成指定的功能。（2011 年 3 月计算机二级
Access 试题）

```
Private Sub Command0_Click()
    Dim db As DAO.Database
    Dim rs As DAO.Recordset
    Dim pscj, kscj, qmzp As DAO.Field
    Dim count As Integer
    Set db = CurrentDb()
    Set rs = db.OpenRecordset("学生成绩表")
    Set pscj = rs.Fields("平时成绩")
    Set kscj = rs.Fields("考试成绩")
    Set qmzp = rs.Fields("期末总评")
    count = 0
    Do While Not rs.EOF

      _____
      If pscj + kscj >= 85 Then
        qmzp = "优"
      ElseIf pscj + kscj < 60 Then
        qmzp = "不及格"
      Else
        qmzp = "合格"
      End If
      rs.Update
      count = count + 1

      _____
    Loop
```

```
    rs.Close
    db.Close
    Set rs = Nothing
    Set db = Nothing
    MsgBox "学生人数:" & count
End Sub
```

（3）"秒表"窗体中有两个按钮（"开始/停止"按钮 bOK，"暂停/继续"按钮 bPus）；一个显示计时的标签 lNum；窗体的"计时器间隔"设为 100，计时精度为 0.1 秒。（2011 年 3 月计算机二级 Access 试题）

要求：打开窗体，如图 9.3 所示：第一次单击"开始/停止"按钮，从 0 开始滚动显示计时（见图 9.4）；10 秒时单击"暂停/继续"按钮，显示暂停（见图 9.5），但计时还在继续；若 20 秒后再次单击"暂停/继续"按钮，计时会从 30 秒开始继续滚动显示；第二次单击"开始/停止"按钮，计时停止，显示最终时间（见图 9.6）。若再次单击"开始/停止"按钮，可重新从 0 开始计时。

图 9.3          图 9.4          图 9.5          图 9.6

相关的事件程序如下。在空白处填入适当的语句，使程序可以完成指定的功能。

```
Option Compare Database Dim flag, pause As Boolean
Private Sub bOK_Click()
  flag = _____
  Me!bOK.Enabled = True
  Me!bPus.Enabled = flag
End Sub
Private Sub bpus_Click()
  pause = Not pause
  Me!bOK.Enabled = Not
  Me!bOK.Enabled
End Sub
Private Sub Form_Open(Cancel As Integer)
  flag = False
  pause = False
  Me!bOK.Enabled = True
  Me!bPus.Enabled = False
End Sub
Private Sub Form_Timer()
  Static count As Single
  If flag = True Then
     If pause = False Then
        Me!lNum.Caption = Round(count, 1)
     End If
     count = _____
  Else
     count = 0
  End If
End Sub
```

# 第 10 章
# 超市进销存管理系统开发综合示例

综合运用本书前面各章节所介绍的 Access 2003 数据库管理系统进行数据库应用系统的设计开发与管理维护是数据库技术学习的最终目标。本章将运用前面所学的相关知识，以小型超市管理系统作为一个具体实例，介绍使用 Access 数据库管理软件设计与开发一个完整数据库应用系统的一般方法和过程。这也是对本书学习过程中的一个全面综合的运用和训练，用知识提升实践，以达到学以致用的目标。

## 10.1　系统分析与设计

### 10.1.1　问题描述

随着社会的发展和人们需求的增大，超市的规模也在逐渐扩大，借助专门的数据库应用系统来对超市的进销存等日常事务进行管理已成为必然。超市的进销存系统需要实现对超市进货、库存、销售等的管理，比如辅助超市管理员对超市采购的信息进行管理，对超市的销售数据进行存储统计与分析等。提高超市员工的工作效率，进而大大提高超市的运作效率。

本章为超市内部管理人员设计开发一个"超市进销存管理系统"，旨在迅速提升超市的管理水平，降低经营成本，提高效益，提供有效的技术保障。

### 10.1.2　系统需求分析

将借助 Access 软件开发本超市进销存管理系统，其涉及的数据信息以及系统的总体功能需求主要归纳为以下几个方面：

- 对使用本系统的用户实现系统登录验证，以保证系统的安全性。
- 对超市商品、销售数据、供应商、进货数据及员工等基本信息的查询浏览。
- 往数据库中添加新的数据，主要包括新商品的采购信息、新的销售记录、新入职的员工数据、新建立供求关系的供应商记录、新的进货数据等。
- 对数据库中数据的更新与维护，主要包括对超市商品库存、员工、供应商、销售数据、进货数据等基本数据信息的更新与维护。
- 对数据库中各种数据进行统计分析，并将结果进行规范化的输出，比如包括实现对商品、销售数据、供应商、进货数据、员工等基本数据根据不同的条件，从多种不同的角度进行数据分析；并能够对相关的数据进行一定的统计分析与汇总，最终将分析的结果以报表的形式打印输出。

### 10.1.3 系统功能描述

在获取了系统的总体信息后，就可以构造系统的用例模型，从而对系统的功能需求进行进一步的描述。本系统主要实现超市管理员对数据库的操作，用例图描述如图 10.1 所示。

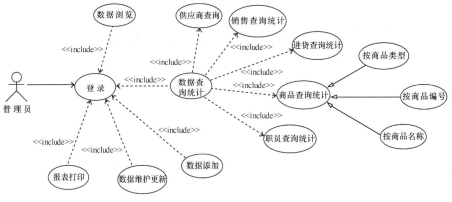

图 10.1　系统用例图

上述系统用例图鉴于篇幅关系，并没有对所有的用例都进行详细的描述，其中只画出了对数据查询统计进行的子用例的划分与描述，而对于数据浏览、数据添加、数据维护更新及报表打印没有进一步划分，但是其用例间的关系也是类似的，在图 10.2 所示的系统功能结构图中进行了详细说明。

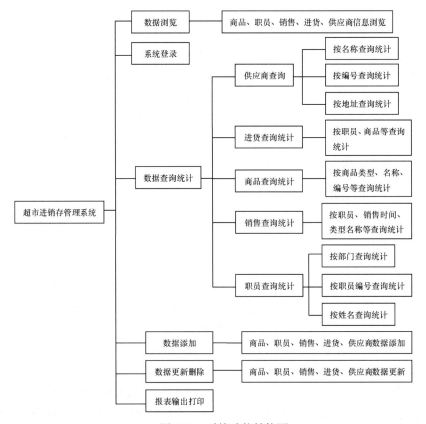

图 10.2　系统功能结构图

# 10.2　数据库概念结构设计

准确获取了现实世界的需求后，下一步应该考虑如何实现这些需求。由于数据库逻辑结构依赖于具体的数据库管理系统（DBMS），如果直接设计数据库的逻辑结构，势必会增加设计人员对不同 DBMS 的数据结构的理解负担，因此现实事物在转化到机器世界之前，要先设计独立于数据库管理系统的数据库的概念结构，其主要是由数据库设计人员根据用户的观点设计。数据库的概念结构设计是整个数据库设计的关键，E-R 图则是概念结构设计最常用的一种工具。本实例超市进销存管理系统数据库的概念结构用 E-R 图描述，如图 10.3 所示。

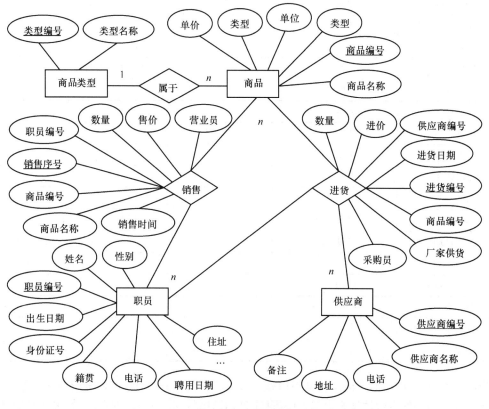

图 10.3　超市进销存管理数据库 E-R 图

# 10.3　数据库的创建

## 10.3.1　创建数据库

使用 Access 2003 开发数据库应用系统的第一步是创建系统数据库。可以按照前面章节介绍的数据库创建方法，创建超市进销存管理数据库，以及创建表及其他数据库对象的操作。

首先在指定路径下创建一个用来保存本实例开发过程中的所有相关文档资料的文件夹，比如命名为"超市进销存管理系统"，然后再使用前面介绍过的数据库创建方法创建"超市进销存管理数据库"。

## 10.3.2　创建数据表

数据库创建好后，接着根据数据库概念结构设计阶段所建立的数据库概念模型（E-R 图）来设计数据库的逻辑结构，也即定义数据表的结构。据图 10.3 超市进销存管理数据库的 E-R 图，共需要创建 6 张数据表，表结构分别见表 10.1～表 10.6。

表 10.1　　　　　　　　　　　　　　　　　　职员表结构

| 字段名称 | 数据类型 | 字段大小 | 说　　明 |
|---|---|---|---|
| 职员编号 | 文本 | 8 | 主键 |
| 姓名 | 文本 | 10 | 必填字段 |
| 性别 | 查阅向导 | | 数据源：自行键入 |
| 出生日期 | 日期 | | 格式：长日期 |
| 民族 | 文本 | 8 | 默认值：汉族 |
| 籍贯 | 文本 | 10 | |
| 政治面貌 | 文本 | 8 | |
| 身份证号 | 文本 | 18 | |
| 电话 | 文本 | 13 | |
| 部门 | 查阅向导 | | 数据源：自行键入 |
| 聘用日期 | 日期 | | 默认值：当前日期（date()函数） |
| 离职日期 | | | 大于聘用日期 |
| 基本工资 | 货币 | | |
| 照片 | OLE 对象 | | |
| 住址 | 文本 | 30 | |
| 备注 | 备注 | | |

"职员表"保存超市所有员工的基本信息，有关创建表和字段属性的设置内容详见第 3 章，比如可以在表属性的有效性规则设置：[离职日期]>[聘用日期]，以使数据完整性离职日期必须是在聘用日期之后等。

表 10.2　　　　　　　　　　　　　　　　　　供应商表结构

| 字段名称 | 数据类型 | 字段大小 | 说　　明 |
|---|---|---|---|
| 供应商编号 | 文本 | 6 | 主键 |
| 供应商名称 | 文本 | 20 | 必填字段 |
| 地址 | 文本 | 30 | |
| 电话 | 文本 | 13 | |
| 备注 | 备注 | | |

表 10.3 商品表结构

| 字段名称 | 数据类型 | 字段大小 | 说　明 |
|---|---|---|---|
| 商品编号 | 文本 | 15 | 主键 |
| 商品名称 | 文本 | 20 | 必填字段 |
| 商品类型 | 查询向导 |  | 查阅于商品类型表的类型名称 |
| 规格 | 文本 | 10 |  |
| 单价 | 货币 |  |  |
| 单位 | 文本 | 4 |  |

表 10.4 商品类型表结构

| 字段名称 | 数据类型 | 字段大小 | 说　明 |
|---|---|---|---|
| 类型编号 | 文本 | 2 | 主键 |
| 类型名称 | 文本 | 10 | 必填字段 |

表 10.5 进货明细表结构

| 字段名称 | 数据类型 | 字段大小 | 说　明 |
|---|---|---|---|
| 进货编号 | 自动编号 | 长整型 | 主键 |
| 商品编号 | 文本 | 15 |  |
| 进货日期 | 日期 |  | 默认当前日期 |
| 供应商编号 | 文本 | 6 |  |
| 商品名称 | 文本 | 20 |  |
| 进价 | 货币 |  |  |
| 数量 | 数字 | 整型 |  |
| 厂家供货 | 是/否 |  | 默认是 |
| 采购员 | 文本 | 8 |  |
| 备注 | 备注 |  |  |

表 10.6 销售明细表结构

| 字段名称 | 数据类型 | 字段大小 | 说　明 |
|---|---|---|---|
| 销售序号 | 自动编号 | 长整型 | 主键 |
| 商品编号 | 文本 | 15 |  |
| 商品名称 | 文本 | 20 |  |
| 售价 | 货币 |  |  |
| 数量 | 数字 | 整型 |  |
| 销售时间 | 日期 |  | 默认当前日期时间 |
| 营业员 | 文本 | 8 |  |

## 10.3.3　建立表间的关系

数据表创建好后，接下来的工作便是建立表之间的关联关系。根据前面数据库概念结构设计阶段的 E-R 图，可以很容易得知本实例数据库中各个数据表之间存在的关联关系，主要如下。

"职员表"和"销售明细表"之间通过"员工编号"字段建立一对多的关系，其中"职员表"是关系中"一"的一方。

"商品表"和"销售明细表"之间通过"商品编号"字段建立一对多的关系，其中"商品表"是关系中"一"的一方。

"商品类型表"和"商品表"之间通过"类型编号"字段建立一对多的关系，其中"商品类型表"是关系中"一"的一方。

"供应商表"和"进货明细表"之间通过"供应商编号"字段建立一对多的关系，其中"供应商表"是关系中"一"的一方。

"职员表"和"进货明细表"之间通过"职员编号"字段建立一对多的关系，其中"职员表"是关系中"一"的一方。

"商品表"和"进货明细表"之间通过"商品编号"字段建立一对多的关系，其中"商品表"是关系中"一"的一方。

表间关系确定好后，即可参照前面章节所介绍的关系创建方法创建各表之间的关系，并为了保证数据完整性，本实例对所有关系都实施参照完整性。各表之间关系如图 10.4 所示。

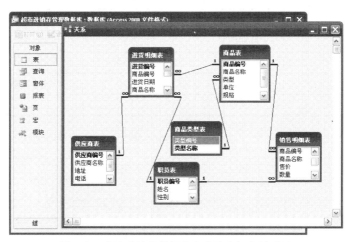

图 10.4　超市进销存数据库中各表之间的关系图

### 10.3.4　输入或导入数据

数据表的结构建立好后，接下来就可以往表中添加数据。根据前面已经介绍的，往 Access 数据库中输入数据最直接的可以通过手工输入，也可以利用 Access 的数据导入功能，从现有的其他的数据库或数据文件中导入，比如从现有的 Excel 电子表格文件导入等。在输入数据时，一定要注意不能脱离了实际，应该做到保证数据库中数据的正确性、有效性、合理性以及一致性。

# 10.4　查询的设计与创建

查询是按照一定的条件从数据表中查找需要数据的最主要方法，是数据库管理最基本的操作。使用查询按照不同的方式查看、更改和分析数据，也可以进行求和、计数或其他的计算等，还可以将查询作为窗体、报表和数据访问页的数据源。

在本实例的“超市进销存管理数据库”中创建有各类对基本信息查询的带条件和不带条件的选择查询，比如查询员工、商品、供应商等的基本信息；指定特定查询条件的参数查询，比如按照商品类型查询该类型商品的信息等；对数据库中数据进行计算统计的交叉表查询和统计查询，比如统计超市男女职员的比例、每个员工的销售情况等；以及对数据进行添加或更新的操作查询，比如给指定部门员工的基本工资进行修改等。

## 10.4.1　基本信息查询

基本信息查询相对比较简单，可以使用向导或者设计视图建立查询，数据源选择相应的数据表。

### 1. 库存商品信息查询

库存商品基本信息查询是以商品表作为数据源，选取商品表中描述商品基本信息的字段，如图 10.5 和图 10.6 所示。

图 10.5　库存商品基本信息查询

| 商品编号 | 商品名称 | 类型 | 单位 | 单价 |
|---|---|---|---|---|
| 2345678909876 | 百洁布 | 文具 | 个 | 12 |
| 2356780981490 | 电脑软件全屏幕导学丛书 | 文具 | 本 | 55 |
| 2549756978657 | 韩版信纸 | 文具 | 本 | 3 |
| 2695043067937 | 晨光圆珠笔 | 文具 | 支 | 1 |
| 2695678905654 | 奥博特细笔芯 | 文具 | 支 | 1 |
| 2827748747477 | 晨光两味红笔芯 | 文具 | 支 | 21.23 |
| 3235567776432 | 毛孔细致水 | 化妆品 | 瓶 | 10 |
| 3386905869547 | 美即面膜 | 化妆品 | 件 | 13 |
| 3456789009876 | 厕所刷 | 日常用品 | 个 | 15 |
| 3568954567890 | DHC洗脸皂 | 化妆品 | 个 | 52 |
| 3638274728283 | 晶智净白晚间修护霜 | 化妆品 | 瓶 | 25 |
| 3765445689890 | 雅芳美白洗面奶 | 化妆品 | 支 | 32 |
| 3789787654467 | 屈臣氏保湿水 | 化妆品 | 支 | 22 |
| 3803960579098 | 玉兰油 | 化妆品 | 支 | 20 |
| 3875435678987 | SK2祛斑霜 | 化妆品 | 盒 | 100 |
| 3921432487432 | 达芙文暗疮膏 | 化妆品 | 瓶 | 99 |
| 3987678909873 | 欧莱雅爽肤水 | 化妆品 | 瓶 | 58 |
| 4024882374332 | 百事可乐 | 食品 | 罐 | 3 |
| 4324727975349 | 好吃点饼干 | 食品 | 盒 | 5 |
| 4394747374853 | 怡宝饮用纯净水 | 食品 | 瓶 | 2 |
| 4434567865433 | 盐津葡萄 | 食品 | 罐 | 12 |



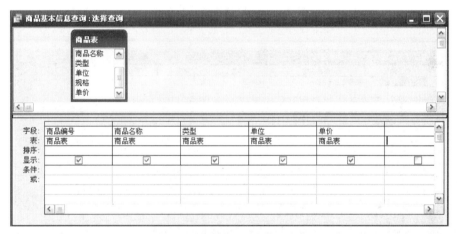

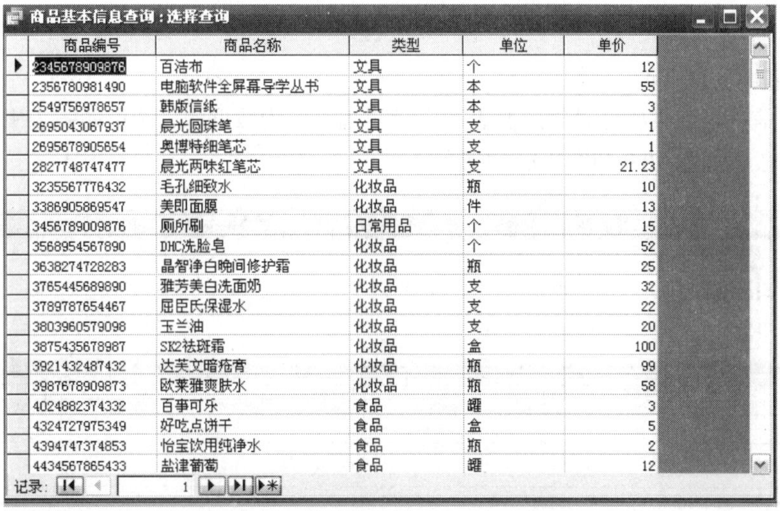

图 10.6　库存商品基本信息查询结果

也可以更进一步创建根据指定条件查询商品信息的参数查询，如根据商品编号查询该商品的基本信息，运行该查询时提示输入待查询商品的商品编号，如图 10.7 和图 10.8 所示。

图 10.7　商品基本信息参数查询

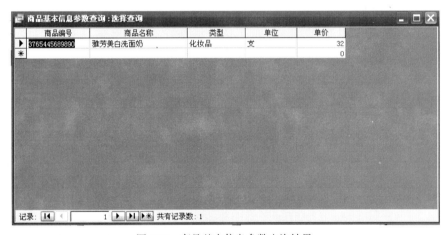

图 10.8　商品基本信息参数查询结果

### 2. 进货基本信息查询

进货基本信息查询主要是以供应商表和进货明细表作为数据源，选取两张表中描述进货基本信息相关的字段，如图 10.9 和图 10.10 所示。

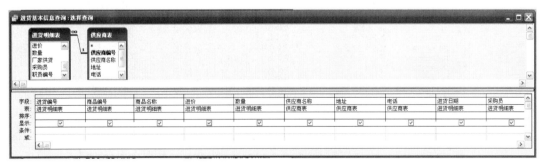

图 10.9　进货基本信息查询

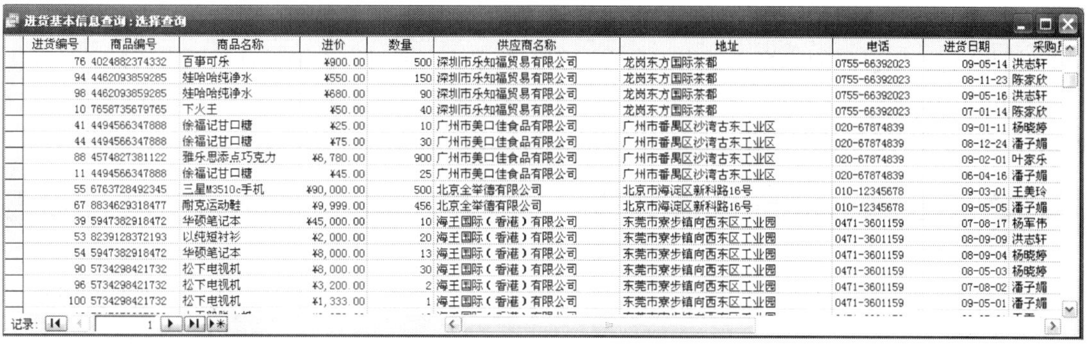

进货基本信息查询：选择查询

| 进货编号 | 商品编号 | 商品名称 | 进价 | 数量 | 供应商名称 | 地址 | 电话 | 进货日期 | 采购员 |
|---|---|---|---|---|---|---|---|---|---|
| 76 | 4024882374332 | 百事可乐 | ¥900.00 | 500 | 深圳市乐知福贸易有限公司 | 龙岗东方国际茶都 | 0755-66392023 | 09-05-14 | 洪志轩 |
| 94 | 4462093859285 | 娃哈哈纯净水 | ¥550.00 | 150 | 深圳市乐知福贸易有限公司 | 龙岗东方国际茶都 | 0755-66392023 | 08-11-23 | 陈家欣 |
| 98 | 4462093859285 | 娃哈哈纯净水 | ¥680.00 | 90 | 深圳市乐知福贸易有限公司 | 龙岗东方国际茶都 | 0755-66392023 | 09-05-16 | 洪志轩 |
| 10 | 7658735679765 | 下火王 | ¥50.00 | 40 | 深圳市乐知福贸易有限公司 | 龙岗东方国际茶都 | 0755-66392023 | 07-01-14 | 陈家欣 |
| 41 | 4494566347888 | 徐福记甘口糖 | ¥25.00 | 10 | 广州市美口佳食品有限公司 | 广州市番禺区沙湾古东工业区 | 020-67874839 | 09-01-11 | 杨晓婷 |
| 44 | 4494566347888 | 徐福记甘口糖 | ¥75.00 | 30 | 广州市美口佳食品有限公司 | 广州市番禺区沙湾古东工业区 | 020-67874839 | 08-12-24 | 潘子媚 |
| 88 | 4574827381122 | 雅乐思添点巧克力 | ¥6,780.00 | 900 | 广州市美口佳食品有限公司 | 广州市番禺区沙湾古东工业区 | 020-67874839 | 09-02-01 | 叶家乐 |
| 11 | 4494566347888 | 徐福记甘口糖 | ¥45.00 | 25 | 广州市美口佳食品有限公司 | 广州市番禺区沙湾古东工业区 | 020-67874839 | 06-04-16 | 潘子媚 |
| 55 | 6763728492345 | 三星M3510c手机 | ¥90,000.00 | 500 | 北京全举德有限公司 | 北京市海淀区新科路16号 | 010-12345678 | 09-03-01 | 王美玲 |
| 67 | 8834629318477 | 耐克运动鞋 | ¥9,999.00 | 456 | 北京全举德有限公司 | 北京市海淀区新科路16号 | 010-12345678 | 09-05-05 | 潘子媚 |
| 39 | 5947382918472 | 华硕笔记本 | ¥45,000.00 | 10 | 海王国际（香港）有限公司 | 东莞市寮步镇向西东区工业园 | 0471-3601159 | 07-08-17 | 杨军伟 |
| 53 | 8239128372193 | 以纯短衬衫 | ¥2,000.00 | 20 | 海王国际（香港）有限公司 | 东莞市寮步镇向西东区工业园 | 0471-3601159 | 08-09-09 | 洪志轩 |
| 54 | 5947382918472 | 华硕笔记本 | ¥8,000.00 | 13 | 海王国际（香港）有限公司 | 东莞市寮步镇向西东区工业园 | 0471-3601159 | 08-09-04 | 杨晓婷 |
| 90 | 5734298421732 | 松下电视机 | ¥8,000.00 | 30 | 海王国际（香港）有限公司 | 东莞市寮步镇向西东区工业园 | 0471-3601159 | 08-05-03 | 杨晓婷 |
| 96 | 5734298421732 | 松下电视机 | ¥3,200.00 | 2 | 海王国际（香港）有限公司 | 东莞市寮步镇向西东区工业园 | 0471-3601159 | 07-08-02 | 潘子媚 |
| 100 | 5734298421732 | 松下电视机 | ¥1,333.00 | 1 | 海王国际（香港）有限公司 | 东莞市寮步镇向西东区工业园 | 0471-3601159 | 09-05-01 | 潘子媚 |

记录：1

图 10.10　进货基本信息查询结果

### 3. 销售信息查询

销售信息查询非常重要，这个查询将作为后面若干其他查询、窗体、报表对象等的数据源。其主要是以商品表、销售明细表以及职员表作为数据源，从中选取相关描述销售信息的字段，同时因为在源表销售明细表中并没有对每笔销售的金额进行计算，所以还要在销售信息查询中添加一个计算所得列，其计算表达式为：[售价]*[数量]，在查询结果中字段名显示为“金额”，如图 10.11 所示。运行结果如图 10.12 所示。

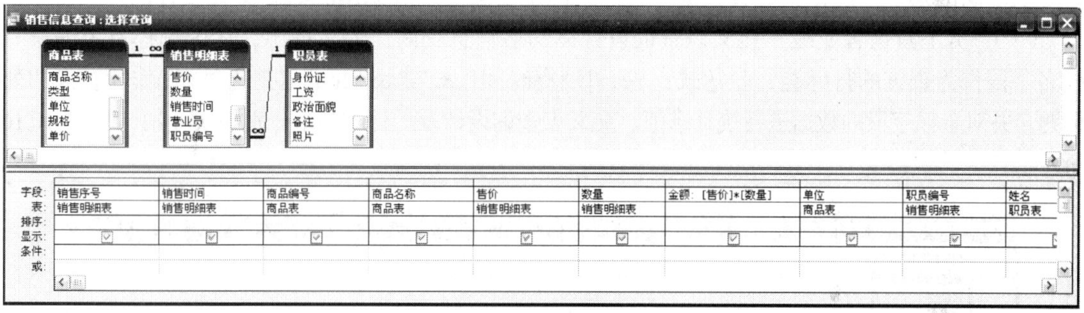


图 10.11　销售信息查询

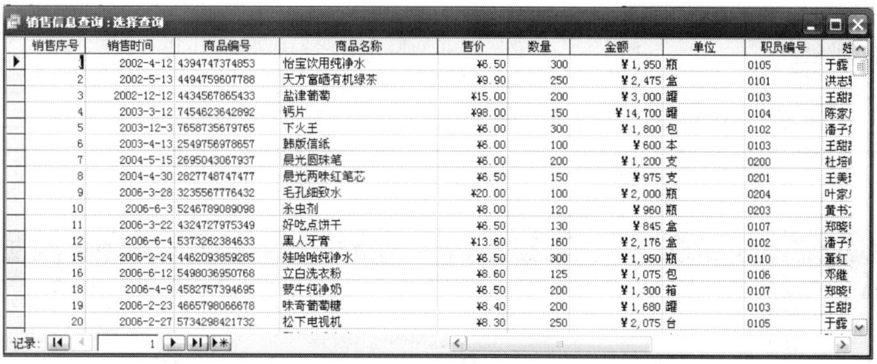

销售信息查询：选择查询

| 销售序号 | 销售时间 | 商品编号 | 商品名称 | 售价 | 数量 | 金额 | 单位 | 职员编号 | 姓 |
|---|---|---|---|---|---|---|---|---|---|
| 1 | 2002-4-12 | 4394747374853 | 怡宝饮用纯净水 | ¥6.50 | 300 | ￥1,950 | 瓶 | 0105 | 于露 |
| 2 | 2002-5-13 | 4494759607788 | 天方富硒有机绿茶 | ¥9.90 | 250 | ￥2,475 | 盒 | 0101 | 洪志 |
| 3 | 2002-12-12 | 4434567865433 | 盐津葡萄 | ¥15.00 | 200 | ￥3,000 | 罐 | 0103 | 王甜 |
| 4 | 2003-3-12 | 7454623642892 | 钙片 | ¥98.00 | 150 | ￥14,700 | 罐 | 0104 | 陈家 |
| 5 | 2003-12-3 | 7658735679765 | 下火王 | ¥6.00 | 300 | ￥1,800 | 包 | 0102 | 潘子 |
| 6 | 2003-4-13 | 2549756978657 | 韩版信纸 | ¥6.00 | 100 | ￥600 | 本 | 0103 | 王甜 |
| 7 | 2004-5-15 | 2695043067937 | 晨光圆珠笔 | ¥6.00 | 200 | ￥1,200 | 支 | 0200 | 杜培 |
| 8 | 2004-4-30 | 2827748747477 | 晨光两味红笔芯 | ¥6.50 | 150 | ￥975 | 支 | 0201 | 王美 |
| 9 | 2006-3-28 | 3235567776432 | 毛孔细致水 | ¥20.00 | 100 | ￥2,000 | 瓶 | 0204 | 叶家 |
| 10 | 2006-6-3 | 5246789089098 | 杀虫剂 | ¥8.00 | 120 | ￥960 | 瓶 | 0203 | 黄书 |
| 11 | 2006-3-22 | 4324727975349 | 好吃点饼干 | ¥6.50 | 130 | ￥845 | 盒 | 0107 | 郑晓 |
| 12 | 2006-6-4 | 5373262384633 | 黑人牙膏 | ¥13.60 | 160 | ￥2,176 | 盒 | 0102 | 潘子 |
| 15 | 2006-2-24 | 4462093859285 | 娃哈哈纯净水 | ¥6.50 | 300 | ￥1,950 | 瓶 | 0110 | 董红 |
| 16 | 2006-6-12 | 5498036950768 | 立白洗衣粉 | ¥8.60 | 125 | ￥1,075 | 包 | 0106 | 邓继 |
| 18 | 2006-4-9 | 4582757394695 | 蒙牛纯净奶 | ¥6.50 | 200 | ￥1,300 | 箱 | 0107 | 郑晓 |
| 19 | 2006-2-23 | 4665798066678 | 味奇葡萄糖 | ¥8.40 | 200 | ￥1,680 | 罐 | 0103 | 王甜 |
| 20 | 2006-2-27 | 5734298421732 | 松下电视机 | ¥8.30 | 250 | ￥2,075 | 台 | 0105 | 于露 |

记录：1

图 10.12　销售信息查询结果

其他基本信息查询的创建都可以类似完成，鉴于篇幅的关系，此节不再详述。

## 10.4.2　计算统计与交叉表查询

查询突出的特色之一在于对符合条件的记录进行深入的分析与利用，比如主要包括对表中成组的数据进行统计，即实现查询的计算功能。在超市进销存管理系统中要对每个员工的销售业绩进行统计查询，以已经创建好的销售信息查询作为数据源，通过在查询设计视图中添加总计项，并选择相应的函数（分组和总计函数）创建该查询，查询设计及查询运行结果如图 10.13 和图 10.14 所示。

图 10.13　员工销售业绩统计查询

图 10.14　员工销售业绩统计查询运行结果

交叉表查询对源表或查询中的某个字段的数据进行统计（包括计数、总计、最大最小及平均值等），并可以从纵、横两个方向分别进行分组汇总，数据的统计结果显示在行列标题的交叉处，实现从不同的角度来统计、查看数据，下面列出了本实例中所创建的部分交叉表查询。

（1）"员工月销售业绩"交叉表查询设计以销售信息查询作为数据源，从中选择员工编号和姓名字段作为查询的行标题，表达式：Year([销售时间]) & "-" & Month([销售时间])作为查询的列标题，并对金额字段的数据进行统计求值。交叉表查询设计及运行的结果分别如图 10.15 和图 10.16 所示。

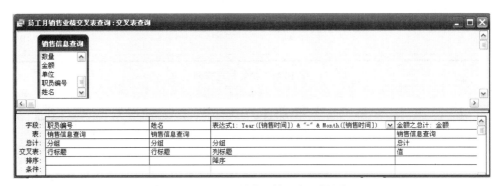

图 10.15　"员工月销售业绩"交叉表查询

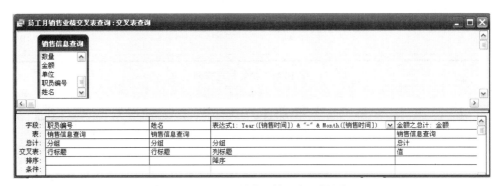

图 10.16　"员工月销售业绩"交叉表查询运行结果

（2）“各类型商品月销售总额”交叉表查询设计以销售信息查询和商品类型表作为数据源，从中选择商品类型字段作为查询的列标题，表达式：Year([销售时间]) & "-" & Month([销售时间]) 作为查询的行标题，并对金额字段的数据进行统计求值。交叉表查询设计及运行的结果分别如图 10.17 和图 10.18 所示。

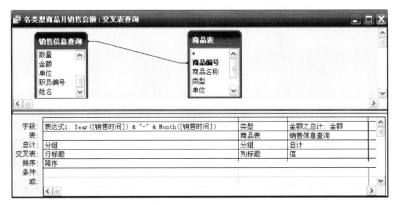

图 10.17　“各类型商品月销售总额”交叉表查询

| 表达式1 | 保健品 | 化妆品 | 家用电器 | 日常用品 | 食品 | 通讯器材 |
|---|---|---|---|---|---|---|
| 2009-7 | | | ¥959 | | | |
| 2009-6 | | | | | | |
| 2009-5 | ¥3,960 | ¥400 | | ¥534 | | |
| 2009-4 | | | | | | |
| 2009-3 | | | | | | |
| 2009-2 | | | ¥39,990 | ¥1,452 | | |
| 2009-1 | | ¥10,780 | | ¥161 | | ¥132 |
| 2008-9 | ¥675 | | | | ¥2,400 | ¥92 |
| 2008-8 | | | ¥13,880 | | | |
| 2008-7 | | | | ¥1,584 | | |
| 2008-6 | | | | | ¥150 | |
| 2008-5 | ¥261,218 | | | ¥14,500 | ¥135 | |
| 2008-3 | | | | | | |
| 2008-2 | | | | | | |
| 2008-12 | | | ¥290,000 | | | |
| 2008-11 | | ¥420 | | ¥2,400 | | |

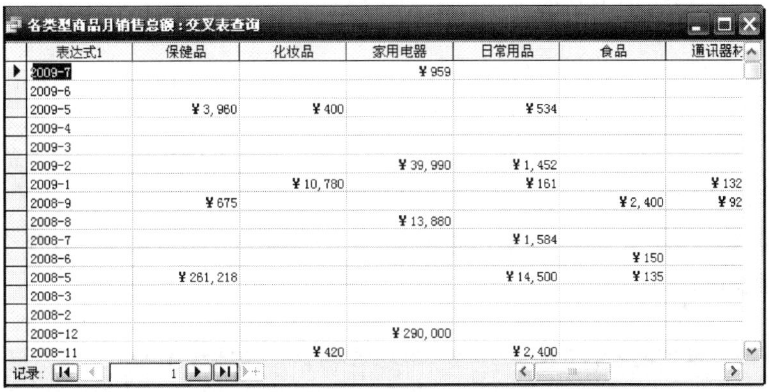

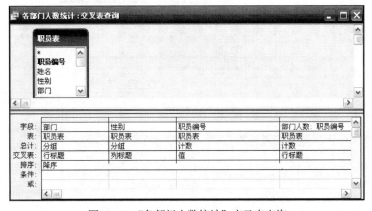

图 10.18　“各类型商品月销售总额”交叉表查询运行结果

（3）“各部门人数统计”交叉表查询设计比较简单，如图 10.19 和图 10.20 所示。

图 10.19　“各部门人数统计”交叉表查询

图 10.20 "各部门人数统计"交叉表查询运行结果

# 10.5  窗体的设计

窗体是 Access 数据库中专门为用户提供的一个形式美观、友好、内容丰富的操作界面，通过窗体将使用系统的方法简单化、人性化和实用化。在本实例中创建了各种窗体，实现对商品、职员、销售、供应商、进货等数据的浏览、查询统计、添加、更新维护以及报表输出等功能，窗体和各种数据库对象（表、查询、报表）之间的组合主要通过设计相关的宏对象来完成。

## 10.5.1  信息浏览窗体

信息浏览窗体主要可以实现逐条的或批量的查看相关数据表中的数据，窗体创建可以通过向导或设计视图的方法，再添加相应的记录导航命令按钮到窗体中，以方便定位记录。通过控件向导添加记录导航命令按钮如图 10.21 所示，职员信息浏览窗体及销售明细数据浏览窗体运行结果分别如图 10.22 和图 10.23 所示。

依照上述操作，再创建"商品信息浏览窗体"、"供应商信息浏览窗体"以及"进货明细数据浏览窗体"等数据浏览窗体。

图 10.21  控件向导创建记录导航命令按钮

图 10.22　职员信息浏览窗体

图 10.23　销售明细数据浏览窗体

## 10.5.2　数据操作窗体

数据操作窗体主要可以实现对数据库中数据的录入、保存、复制、更新以及删除，数据操作窗体的创建与信息浏览窗体类似，也可以通过向导或设计视图的方法，接着再添加相应的记录操作命令按钮到窗体中，比如包括添加记录、保存记录、删除记录、复制记录、撤销记录等。通过控件向导添加记录操作命令按钮如图 10.24 所示，录入职员信息窗体和录入商品信息窗体运行结果分别如图 10.25 和图 10.26 所示。

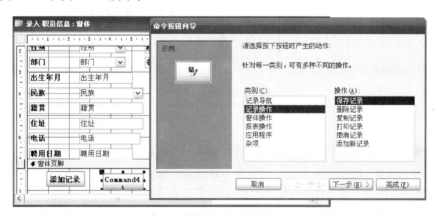

图 10.24　控件向导创建记录操作命令按钮

图 10.25　录入职员信息窗体

图 10.26　录入商品信息窗体

### 10.5.3　查询统计窗体

查询统计窗体在整个应用系统中突显出非常重要的地位，是数据库应用系统的最重要的功能之一。查询统计窗体在创建过程中一般要协调数据表、查询、报表、窗体以及宏等多种数据库对象的应用，相对前两种窗体而言，功能更具针对性，综合性较强。

#### 1. "职员查询统计"窗体

"职员查询统计"窗体主要实现查询指定部门的所有员工信息，对各部门的男女员工人数进行统计，实现按员工编号或员工姓名查询该员工的详细信息。

（1）创建窗体

① 使用窗体设计视图新建一个窗体，在工具栏中选择组合框工具在控件向导的引导下创建一个组合框，该组合框查阅于"职员表"中的部门字段，设置附加标签标题为"部门名称："，将组合框命名为：Combo-bmmc，如图 10.27 所示。

图 10.27　控件向导创建部门名称组合框

② 用相同的方法再创建一个组合框，使之查阅于"职员表"中的职员编号字段。在该控件属性对话框的"数据"选项卡中单击"行来源"属性组合框后的按钮，弹出"SQL 语句"查询生成器，在"部门"字段下"条件"行输入"Forms![职员查询统计]![Combo-bmmc]"作为该查询的参数条件，使得查询的结果与该窗体上的组合框[Combo-bmmc]中的数据一致，即显示属于该部门的所有员工的职员编号，如图 10.28 所示。保存设置，并将组合框命名为 Combo-ygbh。

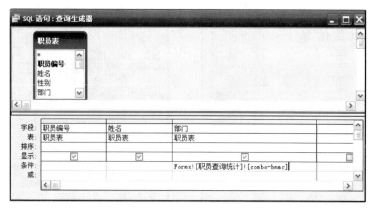

图 10.28　限制组合框中值的查询条件设置

③ 仿照前面两步的操作，再创建一个名为 Combo-ygxm 的组合框，使之查阅于"职员表"中的姓名字段，并同样限制显示该部门的所有员工的姓名。

④ 在窗体设计工具栏中单击"代码"按钮，进入 VBE 环境，为各个组合框的 Before-Update 事件添加代码。当部门名称组合框中部门名称改变时，下边的职员编号、姓名组合框中的内容也要相应更新。此外，将职员编号组合框与姓名组合框中的内容也设置为不能同时出现，当选择一个作为查询条件时，另一个组合框的内容自动清空，具体代码设计如图 10.29 所示。

图 10.29　窗体中组合框的事件代码设计

（2）为窗体创建相关参数查询

以"职员表"为数据源创建参数查询，设置其参数值选自于"职员查询统计"窗体上的 Combo-bmmc 组合框，即[Forms]![职员查询统计]![Combo-bmmc]，将该查询命名为"部门人员名单 部门名称参数查询"，如图 10.30 所示。

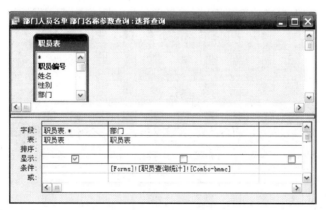

图 10.30　"部门人员名单 部门名称参数查询"选择查询

（3）为窗体创建相关的宏组

创建一个宏组"职员查询统计"，宏名、操作以及操作命令及其参数设置见表 10.7。

（4）编辑完善窗体设计

返回"职员查询统计"窗体，在窗体上再添加 4 个命名按钮，使之分别执行职员查询统计宏组中的 4 个宏，最后再对窗体进行适当的美化设置。至此，"职员查询统计"窗体的创建工作基本完成，窗体运行及相关查询结果分别如图 10.31 和图 10.32 所示。

表 10.7　　　　　　　　　　　　　　　职员查询统计宏组设计

| 宏　名 | 操　作 | 主要参数 |
|---|---|---|
| 部门人员名单 | OpenQuery | 查询名称：部门人员名单 部门名称参数查询 |
| 人数统计 | OpenQuery | 查询名称：各部门员工人数统计 |
| 职员编号查询 | OpenForm | 窗体名称：浏览职员信息<br>Where 条件：[职员编号]=[Forms]![职员查询统计]![Combo-ygbh] |
| 姓名查询 | OpenForm | 窗体名称：浏览职员信息<br>Where 条件：[姓名]=[Forms]![职员查询统计]![Combo-ygxm] |

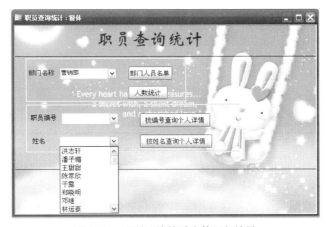

图 10.31　职员查询统计窗体运行效果

图 10.32　查询部门人员名单

在本实例中，可以参照上面创建"职员查询统计"窗体的方法和步骤，类似地创建"商品查询统计"、"销售查询统计"等窗体。"商品查询统计"窗体运行效果如图 10.33 所示。

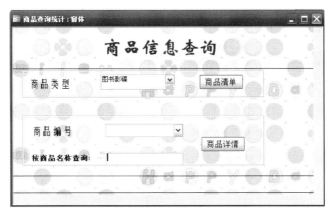

图 10.33　商品查询统计窗体运行效果

## 10.5.4　系统交互窗体

### 1．系统登录窗体

登录验证是数据库应用系统安全性的重要保障措施，用户要使用系统的功能，必须先通过登录窗体输入合法的用户账号和密码，验证通过后方可成功登录并使用系统。登录窗体可以使用条件宏实现，也可以结合使用 VBA 编程实现，读者可参照前面章节介绍的相关方法和步骤创建系统的登录窗体。本实例系统登录窗体的宏设计及登录窗体运行效果图分别如图 10.34 和图 10.35 所示。

图 10.34　登录验证宏设计

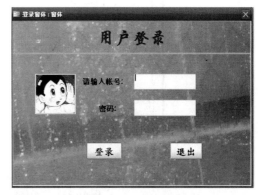

图 10.35　系统登录窗体

### 2．主切换面板（主窗体）

主窗体是当用户登录成功后自动打开的一个功能交互窗体，也是系统的主菜单窗体，其一般通过菜单或选项组形式向用户提供整个系统的功能。主窗体基本综合了对系统中的表、查询、窗体、报表、页、宏及模块等的操作，因此主窗体一般要在前期准备工作都完成后再设计和创建。

（1）首先使用设计视图方法创建"主切换面板"窗体，在该窗体中通过控件向导创建一个选项组 Frame0，分别提供商品、职员、商品销售、进货及供应商 5 种基本管理对象，再创建 5 个命令按钮，分别提供信息浏览、查询统计、数据录入、数据更新和报表输出及退出系统 5 种基本操作。窗体的设计视图如图 10.36 所示。

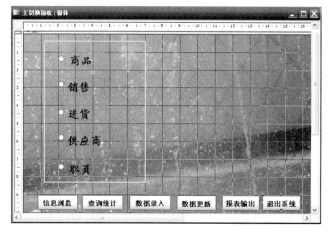

图 10.36　主切换面板设计视图

（2）为主窗体创建宏组"综合操作"，宏设计如图 10.37 所示。

图 10.37　主窗体的宏组设计——综合操作宏组

（3）返回主窗体，为窗体中的 5 个命令按钮分别设置单击事件，执行"综合操作"宏组中特定的宏。

（4）为窗体中的"退出系统"命令按钮添加单击事件代码，如下：

```
Private Sub exit_Click()
    Dim m As Integer
    m=MsgBox("确定退出系统？",vbYesNo, "退出系统")
    If m = 6 Then
```

```
            Quit
        End If
End Sub
```

# 10.6　报表的设计

报表和窗体一样都可以用来输出显示数据库应用系统中的数据，并且报表还可以对数据进行统计分析，最后打印输出，这也是报表对象区别于窗体对象的最重要的功能。设计布局合理、输出规范的报表是数据库应用系统开发过程中十分重要的一项内容。本实例中主要创建了表格式报表、标签式报表、图表报表以及分组统计报表，对系统中涉及的各种数据实现报表输出。

## 10.6.1　基础数据报表

### 1. 表格式报表

表格式报表以现有的表或查询作为数据源，从中选取相关的字段，可以使用自动创建报表、报表向导或设计视图的方法创建。如下的“进货明细数据报表”将“进货信息查询”作为数据源进行设计，报表创建好后打印预览效果如图 10.38 所示。

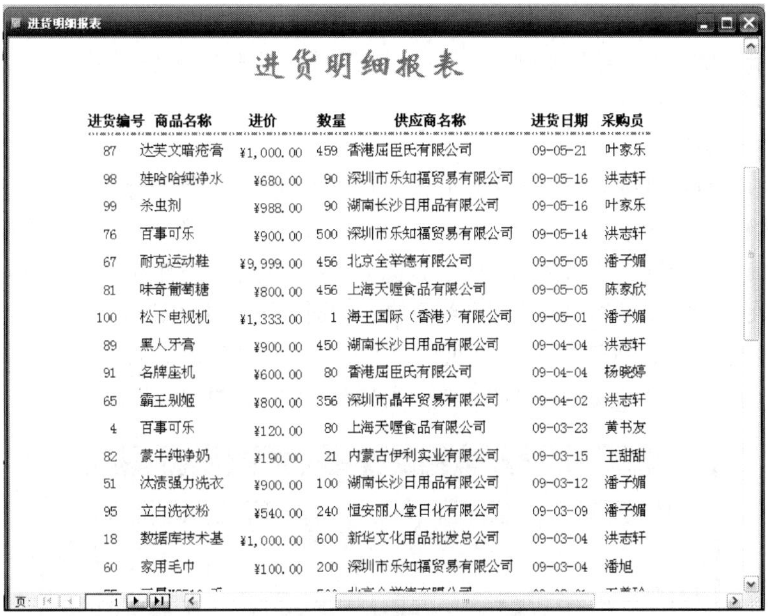
进货明细报表

进货明细报表

| 进货编号 | 商品名称 | 进价 | 数量 | 供应商名称 | 进货日期 | 采购员 |
|---|---|---|---|---|---|---|
| 87 | 达芙文暗疮膏 | ¥1,000.00 | 459 | 香港屈臣氏有限公司 | 09-05-21 | 叶家乐 |
| 98 | 娃哈哈纯净水 | ¥680.00 | 90 | 深圳市乐知福贸易有限公司 | 09-05-16 | 洪志轩 |
| 99 | 杀虫剂 | ¥988.00 | 90 | 湖南长沙日用品有限公司 | 09-05-16 | 叶家乐 |
| 76 | 百事可乐 | ¥900.00 | 500 | 深圳市乐知福贸易有限公司 | 09-05-14 | 洪志轩 |
| 67 | 耐克运动鞋 | ¥9,999.00 | 456 | 北京全举德有限公司 | 09-05-05 | 潘子媚 |
| 81 | 味奇葡萄糖 | ¥800.00 | 456 | 上海天喔食品有限公司 | 09-05-05 | 陈家欣 |
| 100 | 松下电视机 | ¥1,333.00 | 1 | 海王国际（香港）有限公司 | 09-05-01 | 潘子媚 |
| 89 | 黑人牙膏 | ¥900.00 | 450 | 湖南长沙日用品有限公司 | 09-04-04 | 洪志轩 |
| 91 | 名牌座机 | ¥600.00 | 80 | 香港屈臣氏有限公司 | 09-04-04 | 杨晓婷 |
| 65 | 霸王别姬 | ¥800.00 | 356 | 深圳市晶年贸易有限公司 | 09-04-02 | 洪志轩 |
| 4 | 百事可乐 | ¥120.00 | 80 | 上海天喔食品有限公司 | 09-03-23 | 黄书友 |
| 82 | 蒙牛纯净奶 | ¥190.00 | 21 | 内蒙古伊利实业有限公司 | 09-03-15 | 王甜甜 |
| 51 | 汰渍强力洗衣 | ¥900.00 | 100 | 湖南长沙日用品有限公司 | 09-03-12 | 潘子媚 |
| 95 | 立白洗衣粉 | ¥540.00 | 240 | 恒安丽人堂日化有限公司 | 09-03-09 | 潘子媚 |
| 18 | 数据库技术基 | ¥1,000.00 | 600 | 新华文化用品批发总公司 | 09-03-04 | 洪志轩 |
| 60 | 家用毛巾 | ¥100.00 | 200 | 深圳市乐知福贸易有限公司 | 09-03-04 | 潘旭 |

页: 1

图 10.38　进货明细数据报表

对于系统中的商品销售明细、员工、商品等其他基础数据的表格式报表都可以类似创建。

### 2. 标签报表

标签报表是对员工、商品、供应商等数据信息的一个简要输出显示，一般在一个页面中可以放置多个标签，标签报表主要通过标签报表向导完成创建。如图 10.39 所示是供应商标签报表的打印预览效果图。

对于系统中的员工、商品等其他基础数据的标签报表都可以用类似方法创建。

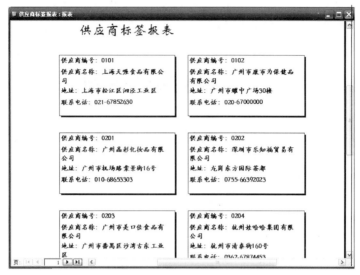

图 10.39　供应商标签报表

## 10.6.2　数据统计分析报表

在超市进销存管理系统中，对管理者而言较为重要的、需要进行统计分析并作为决策依据的数据主要有进货明细数据、销售明细数据等，因此进货统计报表以及销售统计报表是本实例中数据统计分析报表的设计重点。

### 1．分组统计报表

分组统计报表将记录按某个字段进行分组，并添加相应的计算控件和计算表达式来完成特定的统计操作并输出统计信息。分组统计报表的创建可以使用前面章节介绍的报表向导的方法，在创建过程中添加分组级别，并选择相应的汇总选项；相对复杂的分组统计报表也可以使用设计视图方法创建，在设计视图中添加组页眉和组页脚，完成数据统计并显示。

"进货统计报表"添加商品类型为组页眉，汇总每一种类型商品的进货种类数、花费总额以及进货的总数量。报表设计视图和打印预览分别如图 10.40 和图 10.41 所示。

图 10.40　进货统计报表设计视图

图 10.41　进货统计报表打印预览

"销售统计报表"添加销售时间（据年份）为一级分组条件，商品类型为二级分组条件，显示组页眉和组页脚，设置计算控件，汇总每一年商品的销售总额，以及每一年不同类型商品的销售总额。报表的设计视图和打印预览分别如图 10.42 和图 10.43 所示。

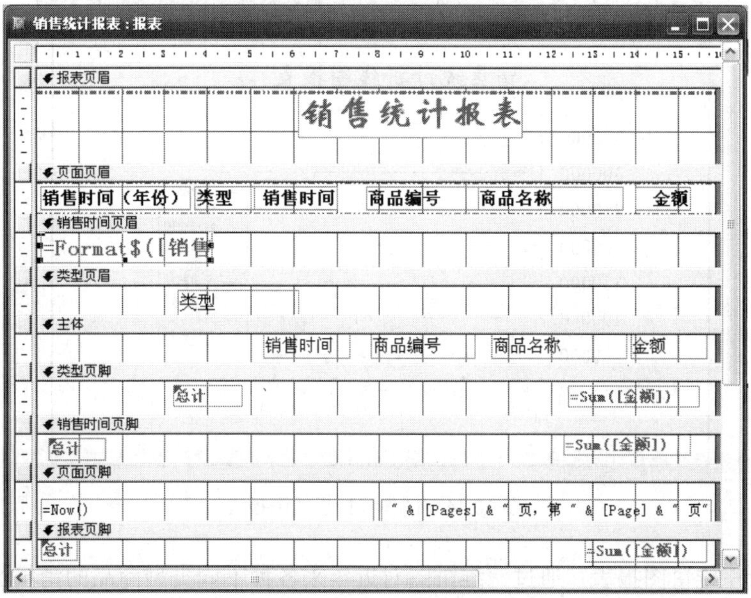

图 10.42　销售统计报表设计视图

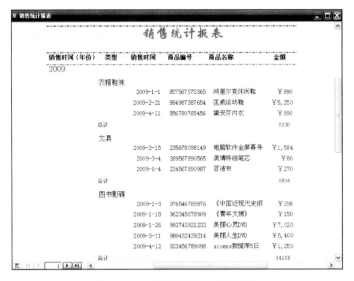

图 10.43　销售统计报表打印预览

### 2. 图表统计报表

图表统计报表是以图表的形式显示统计数据，这样可以使统计的结果更加一目了然，大大增强显示的直观性。创建图表统计报表主要使用图表向导的方法，再结合设计视图进行进一步调整，使报表的布局尽量合理、美观。

下面主要以商品销售统计图表报表为例介绍图表统计报表的设计与创建，进货统计等系统中其他数据的统计图表报表用类似方法创建。以"销售信息查询"作为数据源，先使用图表向导创建报表，然后再在设计视图中对报表设计进行必要的进一步调整。"销售统计折线图报表"通过折线图来对每年各种不同类型商品的销售情进行直观化的分析，预览效果如图 10.44 所示。

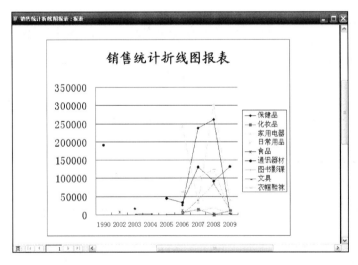

图 10.44　销售统计折线图报表

"销售统计三维饼图报表"通过三维饼图对近年来各种不同类型商品的销售情况进行直观化的分析，预览效果如图 10.45 所示。

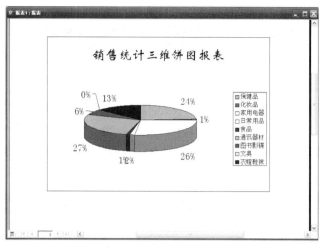

图 10.45　销售统计三维饼图报表

# 10.7　菜单与宏的设计

宏是一系列操作命令的集合，通过事先设置好的宏操作，可以使数据库中的工作变得自动化、简单化。在数据库应用系统中，借助宏可以使数据库中的各个对象协调工作成一个有序的整体，更好地实现数据库的管理功能。

关于宏的设计方法及技巧，读者可以参照本书前面章节的详细介绍，本章的前面也已经介绍了在本实例中设计的部分主要宏及宏组，在此不再赘述。

为那些习惯了 Windows 操作系统中菜单操作的用户，在本实例中也添加了一个自定义条式菜单，命名为"超市管理主菜单"，该菜单挂接在具有对系统功能发挥引导作用的主窗体"主切换面板"上，以给用户的操作提供快捷与方便。

关于"超市管理主菜单"的设计与创建方法前面已经作了介绍，打开主切换面板窗体，切换到设计视图，打开属性对话框，设置窗体的菜单栏属性为"超市管理主菜单"，保存，运行主切换面板窗体的效果图如图 10.46 所示。

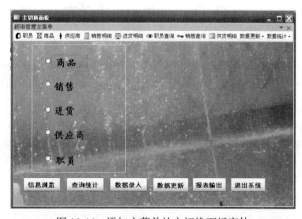

图 10.46　添加主菜单的主切换面板窗体

# 10.8　系统设置与编译运行

### 1. 系统设置

将数据库系统中的"登录窗体"设置为启动窗体，单击数据库窗口的"工具"菜单，打开"启动"对话框中，如图 10.47 所示，在"显示窗体/页"后的文本框下拉列表中选择"登录窗体"，单击"确定"按钮。此处启动窗体的设置也可以通过自动运行宏的方法实现，即在数据库中再创建一个自动运行宏来打开"登录窗体"，将自动运行宏的名称命名为"AutoExec"。

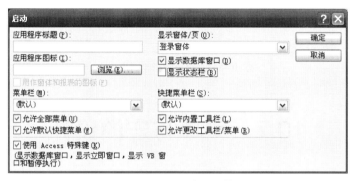

图 10.47　设置启动窗体

### 2. 系统编译运行

所有的设计工作都完成后，最后对系统进行编译，将文件类型为.mdb 的数据库文件生成为.mde 文件。但是在编译系统前务必将原数据库.mdb 文件备份保存，因为被编译后文件中的各种数据库对象的设计视图将不可用，也即不能再编辑或查看修改 VBA 程序代码，这样可以在一定程度上保证数据库系统设计的完整性。

系统编译过程比较简单，可以在数据库窗口单击"工具"菜单，选择"数据库实用工具"命令，再选择"生成 MDE 文件"选项，打开"将 MDE 保存为"窗口，选择保存位置，并输入文件名"超市进销存管理系统.mde"，最后单击"保存"按钮，完成系统编译。

# 10.9　本章小结

本章以"超市进销存管理系统"作为实例，详细介绍了使用 Access 2003 数据库管理系统设计与开发简单数据库应用系统的方法、步骤及技巧。综合运用了本书所讲到的所有相关的知识，最终实现了一个功能相对完善的小型数据库应用系统。

本章的内容综合性较强，是对前面章节所介绍内容的一个补充和提升，旨在引导读者在掌握好数据库基本操作的前提下，进一步提高动手操作的能力，初步掌握使用 Access 2003 管理与开发小型数据库应用系统的技巧。

# 10.10　练　　习

### 1. 问答题

（1）简述数据库应用系统开发的一般步骤。

（2）简述使用 Access 2003 开发数据库应用系统的主要特点。

（3）对本章的实例，请提出你认为的系统可以进一步改进和完善的方面。

### 2. 应用题

开发"毕业设计选题管理系统"。

系统简述：毕业设计选题管理系统主要提供指导教师和学生之间完成毕业设计选题的功能，其中包括教师信息、学生信息以及题目信息。教师信息主要包括教师编号、姓名、性别、所在系部、职称、研究方向、联系方式、简介等；学生信息主要包括学号、姓名、性别、专业、班级、所在系、联系方式等；题目信息主要包括题目编号、题目名、类型、人数、指导教师、研究方向等。此系统可以让教师增加、删除、修改自己所开出的毕业设计题，可以让学生查看题目、选题。管理员可以对教师开题和学生选题进行全面管理。

# 附 录
# 2012 年全国 Access 二级考试大纲

## Access 数据库程序设计

1. 具有数据库系统的基础知识。
2. 基本了解面向对象的概念。
3. 掌握关系数据库的基本原理。
4. 掌握数据库程序设计方法。
5. 能使用 Access 建立一个小型数据库应用系统。

## 考试内容

### 一、数据库基础知识

1. 基本概念：数据库，数据模型，数据库管理系统，类和对象，事件。
2. 关系数据库基本概念：关系模型（实体的完整性、参照的完整性、用户定义的完整性），关系模式，关系，元组，属性，字段，域，值，主关键字等。
3. 关系运算基本概念：选择运算，投影运算，连接运算。
4. SQL 基本命令：查询命令，操作命令。
5. Access 系统简介。
（1）Access 系统的基本特点。
（2）基本对象：表，查询，窗体，报表，页，宏，模块。

### 二、数据库和表的基本操作

1. 创建数据库。
（1）创建空数据库。
（2）使用向导创建数据库。
2. 表的建立。
（1）建立表结构：使用向导，使用表设计器，使用数据表。

（2）设置字段属性。

（3）输入数据：直接输入数据，获取外部数据。

3. 表间关系的建立与修改。

（1）表间关系的概念：一对一，一对多。

（2）建立表间关系。

（3）设置参照完整性。

4. 表的维护。

（1）修改表结构：添加字段，修改字段，删除字段，重新设置主关键字。

（2）编辑表内容：添加记录，修改记录，删除记录，复制记录。

（3）调整表外观。

5. 表的其他操作。

（1）查找数据。

（2）替换数据。

（3）排序记录。

（4）筛选记录。

# 三、查询的基本操作

1. 查询分类。

（1）选择查询。

（2）参数查询。

（3）交叉表查询。

（4）操作查询。

（5）SQL 查询。

2. 查询准则。

（1）运算符。

（2）函数。

（3）表达式。

3. 创建查询。

（1）使用向导创建查询。

（2）使用设计器创建查询。

（3）在查询中计算。

4. 操作已创建的查询。

（1）运行已创建的查询。

（2）编辑查询中的字段。

（3）编辑查询中的数据源。

（4）排序查询的结果。

# 四、窗体的基本操作

1. 窗体分类。

（1）纵栏式窗体。

（2）表格式窗体。

（3）主/子窗体。

（4）数据表窗体。

（5）图表窗体。

（6）数据透视表窗体。

2. 创建窗体。

（1）使用向导创建窗体。

（2）使用设计器创建窗体：控件的含义及种类，在窗体中添加和修改控件，设置控件的常见属性。

# 五、报表的基本操作

1. 报表分类。

（1）纵栏式报表。

（2）表格式报表。

（3）图表报表。

（4）标签报表。

2. 使用向导创建报表。

3. 使用设计器编辑报表。

4. 在报表中计算和汇总。

# 六、页的基本操作

1. 数据访问页的概念。

2. 创建数据访问页。

（1）自动创建数据访问页。

（2）使用向导数据访问页。

# 七、宏

1. 宏的基本概念。

2. 宏的基本操作。

（1）创建宏：创建一个宏，创建宏组。

（2）运行宏。

（3）在宏中使用条件。

（4）设置宏操作参数。

（5）常用的宏操作。

# 八、模块

1. 模块的基本概念。

（1）类模块。

（2）标准模块。

（3）将宏转换为模块。

2．创建模块。

（1）创建 VBA 模块：在模块中加入过程，在模块中执行宏。

（2）编写事件过程：键盘事件，鼠标事件，窗口事件，操作事件和其他事件。

3．调用和参数传递。

4．VBA 程序设计基础。

（1）面向对象程序设计的基本概念。

（2）VBA 编程环境：进入 VBE，VBE 界面。

（3）VBA 编程基础：常量，变量，表达式。

（4）VBA 程序流程控制：顺序控制，选择控制，循环控制。

（5）VBA 程序的调试：设置断点，单步跟踪，设置监视点。

# 考试方式

1．笔试：90 分钟，满分 100 分，其中含公共基础知识部分的 30 分。

2．上机操作：90 分钟，满分 100 分。

上机操作包括：

（1）基本操作。

（2）简单应用。

（3）综合应用。

# 参考文献

[1] 刘卫国，熊拥军. 数据库技术与应用——SQL Server2005[M]. 北京：清华大学出版社，2010.

[2] 陈恭和. Access 数据库基础[M]. 杭州：浙江大学出版社，2007.

[3] 仝春灵. 数据库原理与应用——SQL Server2005[M]. 北京：中国水利水电出版社，2009.

[4] 谢兴生. 高级数据库系统及其应用[M]. 北京：清华大学出版社，2010.

[5] 张龙祥，黄正瑞. 数据库原理与设计[M]. 北京：人民邮电出版社，2004.

[6] 王珊，萨师煊. 数据库系统概论[M]. 第 4 版. 北京：高等教育出版社，2006.

[7] 教育部考试中心. 全国计算机等级考试二级教程——Access 数据库程序设计[M]. 北京：高等教育出版社，2010.

[8] 西尔伯沙茨. 数据库系统概念[M]. 第 6 版. 北京：机械工业出版社，2012.

[9] 訾秀玲，于宁. Access 数据库应用技术[M]. 北京：中国铁道出版社，2006.

[10] 全国计算机等级考试名师辅导编委会. 全国计算机等级考试二级 Access 数据库程序设计上机考试题库[M]. 北京：清华同方光盘电子出版社，2009.

[11] 吴宏瑜. Access 实践教程[M]. 成都：四川大学出版社，2009.

[12] 李迎春，李海华. Access 数据库教程[M]. 西安：西安电子科技大学出版社，2009.

[13] 陈树平，侯贤良，菅典兵. Access 数据库教程[M]. 上海：上海交通大学出版社，2010.